中国矿业大学教材建设专项资金资助出版教

运筹学上机简明教程与案例指导

王桂强 编著

中国矿业大学出版社

·徐州·

内 容 提 要

本书是一本突出计算机教学特色的运筹学上机实验教程。全书由 11 章构成,介绍了运筹学主要分支的计算机建模和操作,包括线性规划、动态规划、目标规划、整数规划、运输问题、网络分析与网络规划、数据包络分析、决策树分析等;结合相应案例和上机操作,详尽介绍了在 Microsoft Excel 平台下的"规划求解"(Solver)加载宏的应用。

本书可作为运筹学课程上机训练指南,也可以作为数据模型与决策、运作管理或决策模拟等课程的案例教学材料。对于寻求管理实践中最优决策为目的的读者,本书亦可作为一本通俗易懂的运筹规划和决策建模手册使用。

图书在版编目(C I P)数据

运筹学上机简明教程与案例指导 / 王桂强编著.—徐州:
中国矿业大学出版社,2019.4
ISBN 978-7-5646-4404-8

Ⅰ.①运… Ⅱ.①王… Ⅲ.①表处理软件—应用—运筹学—教材 Ⅳ.①O22-39

中国版本图书馆 CIP 数据核字(2019)第 081964 号

书 名	运筹学上机简明教程与案例指导	
编 著	王桂强	
责任编辑	史凤萍	
出版发行	中国矿业大学出版社有限责任公司	
	(江苏省徐州市解放南路 邮编 221008)	
营销热线	(0516)83884103 83885105	
出版服务	(0516)83884895 83884920	
网 址	http://www.cumtp.com E-mail:cumtpvip@cumtp.com	
印 刷	江苏苏中印刷有限公司	
开 本	787 mm×1092 mm 1/16 印张 12.5 字数 238 千字	
版次印次	2019 年 4 月第 1 版 2019 年 4 月第 1 次印刷	
定 价	36.00 元	

(图书出现印装质量问题,本社负责调换)

前　言

运筹学是一门数理逻辑性较强的基础理论课程。学习运筹学的最大挑战并不仅是"如何掌握运筹学理论",而更在于"如何用理论去解决实际问题"。相信不少正在学习运筹学的读者会有这么一种隔阂感:虽然经过了辛苦的学习掌握了理论知识,但是遇到实际规划问题时仍旧感觉到无从下手。之所以会产生这种理论与实践之间的隔阂,往往是由于建模者缺少计算机工具的支持。基于对计算机上机环节在运筹学教学中具有的重要地位的认识,笔者编著了此操作教程以配合运筹学课程教学。

本书定位为一本简明的运筹学上机手册,内容通俗易懂,语言平铺直叙,突出了"上机操作"和"案例指导"的实践特色。首要面向的读者是学习运筹学的本科生和部分低年级研究生。建议此类读者将本书作为进一步巩固运筹学知识的辅助材料和实验指导读本,经过每个案例的上机操作和实际演练,对比经典教材中理论模型与电子表格模型之间的区别和联系,达到理论与操作融会贯通的直接目的。教师选用本书独立开设运筹学实验教学课程,需 16～32 上机学时。本书也可以配合运筹学课程分章节随堂使用,并建议在全部课程结束后集中 4～8 课时开展上机实验环节教学。

另外,本书也可以为运筹学案例教学提供一个运筹学案例素材库。对于未系统学习过运筹学的读者以及生产管理一线的决策者,本书可以作为一本运筹学的初级入门教程,暂时屏蔽掉复杂的数学理论和公式推导,引领读者直接领略运筹学在规划求解和决策建模应用领域中的巨大作用。

本书所有案例均已在计算机上建模通过,并编制了电子表格文件。读者可以发送邮件(请在邮件主题注明"索取《运筹学上机简明教程与案例指导》电子文档")到作者邮箱 wgq1995@163.com,获取本书的案例电子表格文件以及部分以教学演示为目的的软件压缩包。

　　祝愿读者能够通过本书学习和案例训练,掌握一些规划建模的基本原理和初步技巧,不断熟悉计算机工作在建模规划和决策优化领域的操作方法和技能。欢迎读者对本书不当和疏漏之处批评指正。

目　录

第1章　运筹学与计算机 ································· 1
　1.1　计算机应用于运筹学的小故事　··············· 2
　1.2　运筹学对计算机应用能力的要求　··········· 8
　1.3　具有规划和决策功能的常用软件简介　····· 12
　1.4　建立数学模型的思路和方法　················· 19
　1.5　本书导读　··· 23
　练习与巩固　··· 25

第2章　利用 Excel 实现"规划求解" ··············· 26
　2.1　"规划求解"的介绍　······························ 26
　2.2　"规划求解"的安装、加载和卸载　············ 30
　2.3　"规划求解"的参数和选项　······················ 34
　2.4　"规划求解"的操作　······························· 40
　2.5　"规划求解"常见疑难解答　······················ 42
　练习与巩固　··· 45

第3章　"规划求解"的初步训练 ··················· 47
　3.1　线性规划问题的基本概念　····················· 47
　3.2　在电子表格上建立规划模型的步骤　········· 50
　3.3　规划模型运算结果的详细解释　··············· 54
　练习与巩固　··· 57

第4章　"规划求解"的提高训练 ··················· 58
　4.1　"规划求解"的建模准备　························· 58
　4.2　建立"规划求解"的电子表格模型　············ 60
　4.3　电子表格模型的完善和调试　················· 64
　4.4　建立电子表格模型的几个重要原则　········· 69
　练习与巩固　··· 70

第 5 章　"规划求解"的拓展训练 ·· 71

　　5.1　敏感性理论、图解法及其电子表格分析 ······························· 72

　　5.2　规划模型的敏感性分析:SolverTable 的应用 ······················· 76

　　5.3　影子价格理论及其电子表格分析 ····································· 84

　　练习与巩固 ·· 88

第 6 章　目标规划问题 ·· 89

　　6.1　单一目标规划 ·· 90

　　6.2　平等多目标规划 ·· 94

　　6.3　加权多目标规划 ·· 96

　　6.4　优先多目标规划 ·· 99

　　练习与巩固 ··· 105

第 7 章　整数规划问题 ·· 106

　　7.1　整数规划的基本概念 ·· 106

　　7.2　0-1 规划问题 ·· 111

　　7.3　指派问题 ··· 115

　　7.4　背包问题 ··· 124

　　练习与巩固 ··· 127

第 8 章　运输问题 ·· 128

　　8.1　运输问题的基本概念 ·· 128

　　8.2　运输问题的建模和求解 ··· 132

　　8.3　运输问题的拓展应用 ·· 140

　　练习与巩固 ··· 143

第 9 章　网络分析与网络规划 ·· 144

　　9.1　网络模型的基本概念 ·· 144

　　9.2　最短路问题 ··· 144

　　9.3　最大流问题 ··· 148

　　9.4　最小费用最大流问题 ·· 151

　　9.5　网络分析的应用案例(一):设备更新问题 ························· 156

9.6　网络分析的应用案例(二):系统瓶颈分析 ……………………… 160

9.7　网络规划问题初步(最长路问题) ………………………………… 163

练习与巩固 ……………………………………………………………… 166

第10章　数据包络分析初步 ………………………………………… 168

10.1　数据包络分析的基本概念 ……………………………………… 168

10.2　数据包络分析的数学模型 ……………………………………… 171

10.3　数据包络分析的电子表格模型求解 …………………………… 173

练习与巩固 ……………………………………………………………… 176

第11章　利用电子表格进行决策树分析 …………………………… 177

11.1　决策树的基本概念 ……………………………………………… 177

11.2　决策树的电子表格软件操作 …………………………………… 178

11.3　决策树的电子表格模型求解 …………………………………… 183

11.4　决策树的敏感性分析:模拟运算表的应用 …………………… 185

练习与巩固 ……………………………………………………………… 191

参考文献 …………………………………………………………………… 192

第1章　运筹学与计算机

运筹学是现代经济和管理学科体系中的一门重要基础课程。作为 20 世纪 30 年代初发展起来的一门新兴学科,它有时还被称为"管理数学"或者"管理科学",其主要目的是在决策时为管理人员提供科学量化的依据,是实现有效管理、正确决策和最优规划的重要方法之一。该学科是应用数学和形式科学的跨领域研究,利用统计、模型和算法等工具,去寻找复杂问题中的最优或近优的方案。运筹学经常用于解决现实生活中的复杂问题,特别是改善或优化现有系统的整体效率。支撑运筹学的基础知识包括高等数学、矩阵理论、随机过程、离散数学和算法基础等。在应用领域,运筹学已经触及现代社会的方方面面,并对整个人类社会的政治、经济、科技、环境、军事等系统产生了深远影响,同时也发挥着巨大作用。

形式科学(Formal Science)是与形式系统(如:逻辑学、数学、理论计算科学、信息理论、系统理论、判定理论、统计学和语义学等)有关的知识分支。与对应的"作用科学"不同,形式科学不是与基于真实世界观察理论有效性联系的,而是与以定义和规律为基础的形式系统性质相联系的。形式科学的方法被用来建造和检验观察真实世界的科学模型,而作用科学则是通过对客观世界的各种现象产生的各种作用进行总结归纳,而得出公理和定义。可以说,运筹学是形式科学和作用科学共同研究的一门学科。

西蒙(H. Simon)曾说"管理即是决策"。在管理理论研究和具体实践中,总会遇到形形色色的决策问题。在众多决策情境下,运筹学更是被公认为强大理论基础和行之有效的工具之一。决策场景一定是现实问题出现的时候才会呈现。因此,运筹学这门学科出现伊始,便以问题拉动型的方式展现在研究者和实践家面前。问题拉动型,是相对理论推动型而言的。某种程度上而言,诸如物理学、化学等学科,在建立的早期属于理论推动型,即实验室里的基础研究和理论成果,推动了这些学科寻求现实应用方面的用武之地。而运筹学的"问题推动型"却是另一种情境:纵观运筹学的发展史,一直就是问题在先,研究随之,理论在后。现代运筹学遇到的很多现实困难或者发展障碍,很多出现在了这门课程最依赖的一种现代化工具——计算机及其相关技术之上。

随着社会经济的发展,各行业所涉及的规划问题——大到国家资源配置、国防建设、交通规划,小到项目管理、企业经营、个人理财等,这些问题越来越复杂,涉及变量越来越繁多,模型规模越来越庞大,计算机已经成为运筹学不可或缺的"助手"。借助于计算机,现代管理运筹学早已经走出象牙塔,成为广大管理者和决策者的基础工具之一。从实用和发展的角度上说,要最终具备规划求解和决策建模的综合理论能力,读者不仅要掌握扎实的理论知识,而且要努力培养利用计算机解决规划问题的实际操作技能。借助计算机为决策活动提供有效的依据并确定量化的最优决策方案,都是运筹学所要解决的问题。建立完备的系统规划思想,熟练运用运筹学的相关知识对决策问题进行分析、建模和求解,已经成为现代经营管理人才的必备技能之一。因此,将成本低、见效快、操作简单的计算机上机训练融入运筹学教学中,更是未来运筹学教学领域的发展趋势。

1.1 计算机应用于运筹学的小故事

1.1.1 "Blackett 马戏团"的拿手好戏

第二次世界大战期间,运筹学作为一门现代科学首先在英美两国发展起来。战时迫切需要把各种稀缺资源以有效的方式分配给各种不同的军事运作活动及在每一运作活动内的各项子活动,所以参战国的军事管理当局号召大批科学家运用科学手段来处理战略与战术问题。实际上这便是要求他们对各种军事运作活动进行研究,这些科学家小组正是最早的运筹小组。其中一个著名的运筹小组是"Blackett 马戏团"。

1935 年,英国科学家沃森·瓦特发明了雷达。时任英国海军大臣的丘吉尔敏锐地认识到雷达的重要军事意义,果断下令在英国东海岸建立一个秘密的雷达站。瓦特在是年 2 月提出《采用无线电方法探测飞机》的秘密备忘录,并研制成功探测距离达到 80 km 的米波防空雷达。1938 年在瓦特主持下,英国东海岸防空雷达网建成,随后第二个雷达网建成。当时的雷达技术可以探测到 160 km 之外的飞机,但这些雷达送来的信息常常是互相矛盾的,需要加以协调和关联,才能提高作战效能。1938 年 7 月,雷达站负责人罗伊建议立即开展对整个防空作战系统的系统研究。1939 年,由英国曼彻斯特大学物理学家、英国战斗机司令部科学顾问、战后获得诺贝尔奖的布莱凯特(Blackett)为首,组建了一个代号谐称为"Blackett 马戏团"的研究小组,专门就改进防空系统进行了卓有成效的研究。Operations Research(运作研究)这个专用名词首次由这个小组提出,并作为运筹学的学科名称沿用至今。

这个"Blackett 马戏团"小组成员包括 3 名心理学家、2 名数学家、2 名应用数学家、1 名天文物理学家、1 名普通物理学家、1 名海军军官、1 名陆军军官和 1 名测量人员。这种"马戏团"式的组合凸显了运筹学应用的跨学科性质。小组成员运用自然科学和工程技术的方法,对雷达信息传递、作战指挥、战斗机与防空火力的协调,做了系统的研究并获得了成功,大大提高了英国本土的防空能力。此外,该小组对反潜、港口利用、商船护航、水雷布设等问题的研究,也取得了良好应用效果。

大量的数据信息必须依靠强有力的计算分析能力,才能得出及时的应战规划。显然,"Blackett 马戏团"得出规划结果的时间减少一半,规划结果一次次地接近最优解,无疑相当于在硬件数量上增加了无形的雷达设备!这是基于运算能力的规划技术转换成直接战斗力的体现。超强的计算机运算能力(同时包括优秀的运算模型和迅捷的计算速度)显然是那个时代的运筹规划者孜孜以求的梦想。

1.1.2　"飞在炮弹之前"的"ENIAC"

作为人类文明进程中最先进的工具之一的电子计算机,出现在第二次世界大战期间。当时火炮是重要武器,美国陆军军械部在马里兰州的阿伯丁设立了"弹道研究实验室"。美国军方要求该实验室每天为陆军炮弹部队提供 6 张射表以便对弹道进行技术鉴定。每张射表都要计算几百条弹道,而每条弹道的数学模型是一组非常复杂的非线性方程组。由于这些方程组没有精确的解析解,只能用数值方法近似地进行计算。

数值方法近似求解的计算量非常大。据记载,利用当时的计算工具,实验室即使雇用 200 多名计算员加班加点工作也大约需要 2 个月的时间才能算完 1 张射表。在"兵贵神速"的战争年代,如此滞后的计算速度恐怕还没等先进的武器研制出来就已经预见了败局。为了改变这种不利的状况,宾夕法尼亚大学莫尔电机工程学院的莫希利(Mauchly)于 1942 年提出了试制第一台电子计算机 ENIAC(Electronic Numerical Integrator and Calculator,电子数字积分计算机)的初始设想。当然,此前还出现过 ABC(Atanasoff Berry Computer),因此后世争论了许久,最终将第一台电子计算机的桂冠授予了 ABC。ABC 由爱荷华州立大学的约翰·文特森·阿塔纳索夫(John Vincent Atanasoff)和他的研究生克利福特·贝瑞(Clifford Berry)在 1937 年设计,不可编程,可进行直接的逻辑运算,仅仅设计用于求解线性方程组,并在 1942 年成功进行了测试。而 ENIAC 这个庞然大物每秒能进行 5000 次加法运算(据测算,人最快的运算速度每秒仅 5 次加法运算),或者每秒 400 次乘法运算。它还能进行平方和立方运算,计算正弦和余弦等三角函数的值及其他一些更复杂的运算。从 ABC 开始,人类的计算从模拟向数字挺进,而 ENIAC 标志着计算机正式进入数字的时代。当今计算机系统的运算速度已达到每秒万亿次,微机也可达每秒几亿次以上。以当代人们的眼光来看,ENIAC 的运算速度当然微不足道。但这在当时可是很了不起的成就!原来需要 20 多分钟才能计算出来的一条弹道,利用计算机只要短短的 20~30 秒!人类的运算速度首次超过了"炮弹飞行速度",这就缓解了当时极为严重的计算速度大大落后于实际要求的状况。

图 1-1 ENIAC

作为通用机的 ENIAC 最初没有存储器,需要通过改变插入控制板里的接线方式来解决各种不同的问题。改变布线接板这个过程有时花费几个小时甚至要搭接几天,于是原本很乐观的计算速度又被这一工作抵消了。1945 年,冯·诺依曼和他的研制小组在共同讨论的基础上,发表了一个全新的"存储程序通用电子计算机方案"——EDVAC(Electronic Discrete Variable Automatic Computer),"冯·诺依曼型结构"计算机由此诞生。不妨这样认为:正是规划计算的实际需求,激发了冯·诺依曼的创造灵感,造就了冯·诺依曼当之无愧的"现代电子计算机之父"的地位。

1.1.3 运筹学:计算机专家的实验室和大舞台

在运筹学的学科发展历程中,很多学者都具有计算机研究背景,甚至本身就是计算机专家。可以这样说,运筹学是计算机专家开发模型、验证算法的天然实验室,更是他们发挥计算机在各个领域的巨大作用的历史大舞台。

"线性规划之父"乔治·伯纳德·丹齐格(George Bernard Dantzig),在运筹学领域建树极高,获得了包括"冯·诺伊曼理论奖"在内的诸多奖项。他在

Linear Programming and Extensions 一书中研究了线性编程模型,为计算机语言的发展做出了不可磨灭的贡献。1947 年,时年 33 岁的丹齐格提出了一种解决最优化问题的单纯形法(Simplex Method),该方法奠定了线性规划的基础,使得经济学、环境科学、统计学等学科获得了迅速发展。显然,如果没有计算机技术作为单纯形运算的支持,这种支撑运筹学体系的重要理论也许仅会停留在纸上谈兵的阶段。第二次世界大战中,丹齐格作为美国空军总部统计控制的战斗分析处主任,处理供应链的补给和管理大量的人员与物资。1952 年,他在兰德(RAND,Research and Development)公司任研究数学家,在公司计算机上实行线性规划。1960 年,他被母校加州大学伯克利分校聘任为运筹学中心主任。丹齐格在该校讲授的课程,仍旧是计算机科学。

图 1-2　乔治·伯纳德·丹齐格

被西方学术界称为“结构程序设计之父”的荷兰计算机专家艾兹格·W.迪科斯彻(Edsger Wybe Dijkstra),创造开发了被普遍认为是图论中求最短路径最佳方法的标号算法,其本人就是一位计算机理论先驱和编程大师。迪科斯彻一生致力于把程序设计发展成一门科学,于 1972 年获得素有计算机科学界的诺贝尔奖之称的图灵奖。迪科斯彻提出“GO TO 有害论”,提出信号量和 PV 原语,解决了“哲学家聚餐”问题,是第一个 ALGOL 60 编译器的设计者和实现者,也是 THE 操作系统的设计者和开发者。运筹学中的最短路径标号算法以迪科斯彻的名字命名。

图 1-3 　艾兹格·W.迪科斯彻

迪科斯彻是几位影响力较大的计算科学的奠基人之一，也是少数同时从工程和理论的角度塑造这个新学科的人。他的根本性贡献涉及很多领域，包括编译器、操作系统、分布式系统、程序设计、编程语言、程序验证、软件工程、图论，等等。他的很多论文为后人开拓了整个新的研究领域。我们现在熟悉的一些标准概念，比如互斥、死锁、信号量等，都是迪科斯彻发明和定义的。

提出割平面法从而高效解决整数规划问题的拉尔夫·戈莫里（Ralph E. Gomory），长期活跃在计算机技术研发领域。戈莫里 1954 年在普林斯顿大学获得数学博士学位。在海军服役期间，他对运筹学产生了兴趣。1959 年，戈莫里

图 1-4 　拉尔夫·戈莫里

入职新组建的 IBM 研发部。1970 年,他被任命为 IBM 的研发部主任,负责研究部门的工作。在接下来的 20 年里,他继续担任研发部主任,并最终成了 IBM 负责科学和技术事业的高级副总裁。任职期间,戈莫里带领研发部对诸如单晶体管存储单元、高密度存储设备、硅处理方法以及关系数据库和 RISC 计算机体系结构的发明等领域的先进技术做出了诸多重要贡献。他下属的研究人员连续两次获得诺贝尔物理学奖,正是在那里,曼德布罗特(B. Mandelbrot)提出了著名的分形(Fractal)概念。

戈莫里因其众多成就获得了包括国家科学勋章(美国)在内的各种殊荣,但是他最为自豪的还是自己在运筹学尤其在整数规划领域内做出的贡献。

1.1.4　沃尔玛:物流规划的成功传奇

2018 年最新的《财富》世界 500 强排行榜上,沃尔玛公司(Wal-Mart Stores, Inc.)已经连续第五年成为全球最大公司。沃尔玛前任总裁大卫·格拉斯曾说过:"配送设施是沃尔玛成功的关键之一,如果说我们有什么比别人干得好的话,那就是配送中心。"早在 20 世纪 70 年代,沃尔玛就建立了物流信息系统 MIS;80 年代又与休斯公司联合发射了专用物流通信卫星;1983 年采用了 POS 机(Point of Sale);1985 年建立了 EDI(电子数据交换系统),采用了无纸化作业;1986 年又建立了 QR,称为快速反应机制。沃尔玛是全球第一个发射物流通信卫星的企业,也是全球第一个建立物流数据处理中心的企业,实现了集团内部 24 小时计算机物流网络化监控,使采购库存、订货、配送和销售一体化。沃尔玛对现代科技的应用,以及对业务规划的重视,改变了零售企业的运作模式。他们有自己的物流条码,这与常规商品条码有较大区别。每一个大型零售商都有自己的自动补货系统,沃尔玛的却稍有不同,虽然系统自动生成补货数量,但经理们却可自行改变补货数量,每次改变信息都会及时准确地传送至总部。

沃尔玛不认为物流环节是在浪费成本,反而认为是降低成本的大好机会。他们力求建立一个"无缝点对点"物流系统,希望以此为商店和顾客提供最迅速的服务。"无缝"的意思是:保证产品从工厂车间到商店货架的整个供应链达到一种非常顺畅的链接,确保没有一丝差错,物流过程尽可能平滑,就像整段无缝管道。沃尔玛对供应商要求向来苛刻,包装也不例外。他们要求高质量包装,确保运输过程中不会产生破损。产品包装的破损就是物流成本的增加。确保商店得到产品与发货单的完全一致也是至关重要的,沃尔玛整个的物流过程就是要确保精确。沃尔玛的自动补货系统与配送中心紧密结合,不仅如此,供应商还可通过沃尔玛为他们提供的账号进入配送中心或商店的库存系统,查询各自销量和余量,以制订自己今后的生产计划,沃尔玛称之为零售链接。通过这个零售链接,供应商们可以在沃尔玛公司每一个商店当中,及时了解到相关情况。沃尔玛是怎样节省时间和节约成本的,这就是答案之一。

沃尔玛认为货物的有效流动是物流效率的根本保证,如果有电梯环节和增加搬运次数,无疑会浪费时间、增加成本,所以他们的配送中心都是单层建筑,所有的工作都在一层中完成。要做到的就是从一个门进来,从另一个门出去,通常不允许有第三道门存在。配送中心大量使用传送带,目的就是让货物处于有序流动中,保证对其进行的加工处理不重复发生。不仅配送中心是开放式的,基于UNIX的配送系统也是开放式的,且采用产品代码、自动补货系统和激光识别系统。由于沃尔玛的商店众多,每个商店的需求各不相同,沃尔玛的配送中心根据不同需求,将产品自动分类置入不同的箱子。传送带上有红、绿、黄等各色信号灯,员工可以根据信号灯的提示来确定商品应被送往的商店,商品就这样分门别类地进入属于它们的箱子。高新技术与先进理念的完美结合保证了物流体系的高效快速转运,就这样,大量的成本得以节省,节省下的成本又转换成投资。沃尔玛的运输工具有飞机、轮船和卡车。沃尔玛采用全球定位系统对所有车辆进行定位,任何时候调度中心都可以知道这些车辆的具体位置和某个商品的具体位置,由此可以知道车辆与目的地的距离和到达目的地所需的时间。沃尔玛早已视物流为企业之生命。全球第一的沃尔玛零售商成本的节省绝不是"大规模"或"超大规模"所能解决的,更不是作为零售商向供应商疯狂压价而来,它是全面规划能力的综合体现。因此,有业内人士甚至指出:沃尔玛本质上更倾向于物流行业而不是零售行业。因此,沃尔玛一直被很多专业人士称为"伪装成零售企业的物流企业",这是由于它的"天天低价"不仅来自于郊区选点和规模化采购,更来自于它在运营过程中的成本节约,尤其是在物流过程中的成本节约。沃尔玛成本领先战略的成功实施,可以说是大数据时代背景下企业发挥物流规划技术巨大潜力的一个典型案例。

1.2 运筹学对计算机应用能力的要求

在运筹规划领域,对计算机应用能力的要求可以由高到低依次分成以下五个层面。

1.2.1 决策概念能力——如何认识和定义决策问题

决策概念能力是管理者区别于其他职业的一个主要特征。决策概念能力要求管理者对特定的决策问题或者决策系统进行科学和全面的分析,综合方方面面的信息和数据,对多个备选方案进行比对、甄别、判断、协调和预测等,并指导相关组织或者个人采取相应的有效行动。决策概念能力是管理者的最高层面能力的升华。决策者的概念能力，是一种特殊的决策能力。这种能力往往体现在判断、定义、甄别、取舍等复杂心理和行为之上。本书认为，决策概念能力看似简洁明了，但是由于内部机制和外部影响极其复杂多样，是计算机程序不可替代（至少是不能完全替代）的。同时，管理实践中大量存在的决策者"例外行为"和"反常规行为"也是计算机程序无法触及的禁区。

按照"决策者有限理性"的观点，决策可以分成结构化决策和非结构化决策两个大类。结构化决策的计算机实现手段相对成熟；将非结构化决策问题转换为结构化，则是决策理论的前沿领域，也是包括运筹学在内的管理学科研究的热点所在。结构化问题往往也被认为是程序化问题。某种意义上说，结构化问题可以通过实现预定或者编制的程序（注意：不一定是计算机程序），按部就班地解决。即便是人工智能（AI）介入的决策问题，也应当属于结构化决策。结构化决策与其他决策的最突出区别是：结构化决策可以重复实现。针对非结构化问题的决策的场景下，各种预先程序可能会无能为力，需要决策者相机而行，权衡而动。按照目前的计算机技术水平和发展趋势，人类的极其复杂的思维活动和受到有限理性影响下的决策行为，尚不能完全被计算机所模拟、仿真或者代替。尤其是管理实践中的大量价值衡量、直觉依赖或者经验判断等问题，属于非结构化问题，必须依靠人类的智慧和情感，并最终由人来决定。由于决策能力的范畴相当广泛，运筹学涉及的规划求解方面的延伸技能，仅仅是其冰山一角。因此必须承认，完善的决策能力绝不能仅仅依靠有限的课堂理论教学而实现，而是需要理论和实践的长期共同培育。

1.2.2　辅助决策能力——如何全面提供决策支持数据

决策行为是艺术和科学的结合体，因此在决策信息上争论"是定量还是定性"是没有意义的。然而，以"规划求解"为核心的辅助决策则是精密的定量化研究过程，也就是说，本书给读者介绍的规划求解工作，基本上回避了定性的成分。虽然对某个特定管理问题的优化和求解，表象上非常类似在实践当中的某种决策行为，但是需要提醒读者的是："决策能力"不应与"辅助决策能力"相混淆。通过规划求解的方式得到最优解决方案以及最优目标值，并不是完整的决策过程，而是决策过程的必备阶段之一——辅助决策过程。某种意义上，运筹学的主要功能在于辅助决策，而决策则是属于管理学科的更为宽泛的内容。"决策"承载了太多的内涵，超出了本书所能阐述的范围。辅助决策能力可以通过课堂理论教学和案例模拟训练，得到逐步的培养和建立，而决策能力必须结合生产管理实践，假以时日方可掌握。

当前商务软件市场上的辅助决策软件较多,诸如决策支持系统(DSS)、智能系统(IS)、管理信息系统(MIS)等这类软件的核心功能就是为使用者提供决策辅助信息。作为这些系统的使用者,如何科学地理解和运用这些决策支持信息,其重要性仅次于决策能力。对待同样的一组决策支持数据,不同的使用者挖掘得到的进一步信息往往是不同的,这就需要使用者针对自身在决策过程中所处的情境,权变地处理这个问题。作为决策者,在使用决策支持信息时,更多地偏重自身的主观能动性;而作为辅助决策角色的参谋者在这个过程中,则更为重视决策支持信息的客观性和真实性。不论利用何种方式或者何种软件,得到的以最优形式展现的决策支持信息(注意:不是决策信息)往往是明确和简洁的,而进一步解读和利用这些信息则需要管理者的决策支持能力。

因此,对于处于参谋位置的管理者而言,辅助决策能力的掌握显得至关重要。一般而言,运筹学教学的很大部分内容,属于辅助决策能力的培养范畴。例如读者在本书的敏感性分析中,将体会到这种细微差别:在规划模型明确的前提下,利用规划求解软件得到问题的最优解也许并不困难,而这个最优解的敏感度变化却是需要花些工夫来分析的(请读者随后参考案例1和案例3)。

1.2.3　建立模型能力——如何构建决策和数据的桥梁

当组织或者个人出现决策需求时,通常首先会寻求辅助决策信息(数据)的支持。然而,在很多情况下,辅助决策信息并不能唾手而得。组织和个人面对的往往是相对粗糙的一手资料和一线数据,而这些资料和数据往往是以间接或非量化描述的形式存在,更多时候仅仅是会议记录、文件精神、上级目标、定性描述等。在这些情境下,对管理者建立模型能力的要求就凸显出来了。由此可见,模型是辅助决策信息和原始问题之间的必要桥梁,也是将问题进一步结构化和定量化的有效工具。如果单从模型的角度考虑,现有的运筹学体系结构,在很大程度上是按照模型以及与模型配套的算法之间的区别来划分的。

建模方面的研究,是管理学科体系中的一个重要组成部分。虽然其他学科,诸如物理学、生物学、社会学等,也非常重视模型建立的问题,但是管理学科范畴内的模型有自身独特之处。可以这样说,模型的建立是将管理科学化的重要标志之一。如果利用相关软件开展的人机交流过程比较顺利,那么模型建立之后的工作,可以交付计算机软件处理。关于建模方面的综合知识,本书随后会展开阐述。

1.2.4　算法设计能力——如何精确和高效地使用数据

算法设计是在完成模型构建工作之后的进一步工作。模型是算法的整体指导框架,算法是模型的具体表达实现。算法设计通常需要算法语言的支持,最常见的算法语言当然是各种计算机语言。算法设计是数学研究领域的一个分支,不同的算法与诸多学科有着密切联系。良好的数学基础肯定有利于算法设计能力的提高。算法设计能力其实是变量关系和逻辑层面的综合运用问题。算法设计造就了很多经典的运筹学模型的最终实现。培养算法能力没有捷径! 算法设计内容是运筹学和计算机科学交汇最多的领域,对于运筹学的算法能力训练,必须扎实掌握各种运筹学分支的理论基础、清楚理论推导和演算过程。很多运筹学算法凝聚了开发者的智慧。一个优秀的算法,对提高模型的运算速度和精确程度的贡献,并不逊于在硬件方面的升级换代。

传统上以理论教学为中心任务的运筹学,是围绕模型和算法展开的。规划软件的相当大的一部分工作,其实就是代替人承担了算法的任务。本书无意过多讲述基础算法设计方面的内容,诸多案例或许会涉及不同的运筹算法,这也仅仅是在利用电子表格解决实际问题之前进行必要的简明介绍。本书读者应当把注意力集中在如何顺利开展人机对话,为已经做好各种算法准备的计算机和千变万化的实际规划问题之间建立科学规范的联系方面。因此,对算法设计感兴趣的读者,请参考高级运筹学以及其他相关教程。

1.2.5　编程实现能力——如何将算法通过软件来实现

"编程实现"是个实践性很强的操作性工作,不但包括编制程序(programme),还包括反编译程序(decompile)以及调试程序(debug)。编程实现能力的专业性很强,对于工作重心在规划求解等方面的管理人员而言,编程实现过程可以外包给专业程序设计人员。对于给定问题,如果已经设计完成了(或者找到已有的)算法,程序实现过程完全可以当作一个"黑箱"对待。由于近年来计算机语言越来越结构化,编程实现能力与算法设计能力几乎可以在分工上实现分离。

本书将主要围绕 Excel 的"规划求解"功能开展介绍。显然,很大一部分算法和编程的工作,已经由这个属于 Office 家族的优秀软件代劳了。但是一般认为,管理专业的相关人员掌握一定的算法设计和编程能力还是十分必要的。原因有三:其一,运筹学的理论框架是建立在模型和算法之上的,掌握运筹学的精髓必须学习各种模型和算法的基本原理。如果在实践中过多地依赖各种规划软件的黑箱性质,那么可能会在解决实际规划问题时遭遇盲目求解的可能,甚至会产生无法解读计算结果的尴尬。其二,并不是所有的通用商业软件均能从容应对千差万别的生产实践问题,一些大型的规划问题仍旧需要企业进行特(自)有软件的开发和设计。可以预见的是,在变化万千的规划领域中总会遇到很多的机会和场合,需要管理者直接指导甚至参与算法设计、修改、更新的工作。掌握必要的算法设计和程序编制能力,一定会在这些情境下发挥"锦上添花"的作用。其三,运筹学发展的路径告诉我们,这个学科的突破多数集中在模型算法方面。如果读者希望在掌握规划实际操作能力之上,进一步在运筹思维突破和理论创新上有所造诣的话,算法设计和编程实现能力的培养过程必不可少。

1.3 具有规划和决策功能的常用软件简介

1.3.1 计算机软件的发展概况

（1）通用软件的共同特点

随着计算机硬件成本的下降和应用技术的普及,计算机进入到了各行各业,并在不同的场合发挥着巨大的作用。计算机软件主要履行科学计算的功能。科学计算可分为两类:一类是纯数值的计算,例如求函数的值或方程数值解;另一类计算是代数计算,又称符号运算。代数运算是一种智能化的计算,符号可以代表整数、有理数、实数和复数,也可以代表多项式、函数,还可以代表数学结构如群、集合等。具有规划求解功能的软件,多利用了其符号运算方面的功能。

计算机发明的初衷是利用这种工具进行科学计算,其中主要是数值计算,如天气预报、仿真模拟、航空航天等领域的大规模数值计算。早在 20 世纪 50 年代末,人们就开始了对符号计算的计算机系统的研究。进入 20 世纪 80 年代后,随着计算机的普及和人工智能的发展,用计算机进行代数运算的研究发展非常迅速,涉及领域也在不断扩大,相继出现了多种功能齐全的计算机系统,这些系统可以分为专用系统和通用系统。专用系统主要是为解决物理、数学和其他科学分支的某些计算问题而设计的。专用系统在符号和数据结构上都适用于相应的领域,而且多数是用低级语言写成的,使用方便,计算速度快,在专业问题的研究中起着重要的作用。通用系统具有多种数据结构和丰富的数学函数,应用领域广泛。其中,SAS、SPSS、Mathematica、MATLAB、Maple 和 Excel 等均是通用的软件系统。尽管不同的计算机软件之间有较大的差别,但也有一些共同的特点:

※ 具有高效的可编程功能,可以进行符号运算、数值计算和图形显示。这也是通用数学软件包的三大基本功能。

※ 突出了交互式的特点,允许通过键盘或者其他设备输入命令,经过计算机计算后显示结果。优秀的系统大都有 Windows 操作系统下的版本,人机界面友好,命令输入方便灵活,很容易寻求帮助,输出结果形式多样。另外,通行的数学软件都尽力提供人们习惯的数学符号表达形式。

※ 数学软件的实质是数学方法及其算法在计算机上的实现,这些方法是无数人的工作与智慧的结晶。各个系统都在持续地成长完善,不断地更新换代,向着智能化、自动化方向发展。

※ 软件的开发不再只是软件开发者的事情,同时也期待着广大用户的参与。介入软件开发和应用的人员数量在不断增加,尤其是随着互联网的普及和代码开源化、定制化,软件用户可以很方便地与软件开发者进行沟通,反映软件中存在的问题,也把新的应用需求和改进意见反馈给软件的开发者,从而实现良性的循环改进。

（2）计算机软件的优势和局限

计算机实现规划求解的优越性主要在于其能够进行大规模的复杂运算。通常我们用笔和纸进行代数运算只能处理符号较少的算式,当算式的符号上升到百位数后,人工计算便成为可望而不可即的事。其主要原因是在做大量符号运算时,人工过程很容易出错,并且缺乏足够的耐心。当算式的符号个数以千计后,手工计算便成为不可能的事,这时用计算机系统进行运算就可以做到准确、快捷、有效。手工运算过单纯形表的读者一定有深刻体会,当变量超过 20 个、约束条件超过 10 个的时候,依靠人工几乎不可能顺利地计算出正确的结果。

任何数学软件都有一定的局限性。首先,尽管计算机在代替人脑进行烦琐的符号运算上有着无与伦比的优越性,但是计算机毕竟是机器——它只能毫无思想地执行人们给它事先安排的指令。一些人工计算的简单问题或者人类思维中看似极其普通的过程,计算机代数系统却很难甚至无法处理。其次,多数计算机代数系统对计算机硬件有较高的要求,在进行符号运算时,通常需要很大的内存和较长的计算时间,而精确的代数运算是以时间和空间为代价的。用计算机代数系统进行数值计算,虽然计算精度可以到任意位,但由于计算机代数系统是用软件本身浮点运算代替硬件算术运算,所以在速度上要比用低级计算机语言计算同样的问题慢很多。数学软件的第三个问题是计算结果往往很"教条",导致人们很难从软件给出的结果中看到问题的要害。比如考察一个投资规模数亿元的工程项目,决策者会十分谨慎地在一个收益 4501 万的方案和一个收益 4500 万的替代方案之间取舍。然而计算机软件会毫不犹豫地"精准"排除第二个次优方案,虽然这个次优替代方案可能存在极大的潜在价值。另外,虽然计算机代数系统包含大量的数学知识,但这仅仅是庞大的数学体系中的一小部分,目前有许多数学领域计算机代数系统还未能涉及,等待着新的突破。

1.3.2 优化求解常用软件简介

(1) MATLAB 的概况

MATLAB 是矩阵实验室(Matrix Laboratory)之意。除具备卓越的数值计算能力外,它还提供了专业水平的符号计算、文字处理、可视化建模仿真和实时控制等功能。MATLAB 的基本数据单位是矩阵,它的指令表达式与数学和工程中常用的形式十分相似,故用 MATLAB 来解算问题要比用 C、FORTRAN 等语言完成相同的事情简捷得多。时至今日,MATLAB 已经成为线性代数、自动控制理论、数理统计、数字信号处理、时间序列分析、动态系统仿真等高级课程的基本教学工具。

MATLAB 包括拥有数百个内部函数的主包和几十种工具包(toolbox)。除内部函数外,所有 MATLAB 主包文件和各种工具包都是可读、可修改的开放型文件,用户通过对源程序的修改或加入自己编写程序构造新的专用工具包。工具包又可以分为功能工具包和学科工具包:功能工具包用来扩充 MATLAB 的符号计算、可视化建模仿真、文字处理及实时控制等功能;学科工具包是专业性比较强的工具包,控制工具包、信号处理工具包、通信工具包等都属于此类。其中的 Optimization Tools 是专门为规划求解设计的学科工具包。

MATLAB 的主要特点包括:

※ 语言简洁紧凑,使用方便灵活,库函数极其丰富。

※ 运算符丰富。由于 MATLAB 是用 C 语言编写的,MATLAB 提供了和 C 语言几乎一样多的运算符,灵活使用 MATLAB 的运算符将使程序变得极为简捷和高效。

※ 既具有结构化的控制语句(如 for 循环,while 循环,break 语句和 if 语句),又具有面向对象编程的特性。

※ 程序限制不严格,程序设计自由度大。

※ 图形功能强大,具有较强的编辑图形界面的能力。

※ 程序的可移植性很好,源程序具有开放性。

(2) SAS 的概况

SAS 是目前国际上最为流行的一种大型统计分析系统,被誉为统计分析的标准软件。SAS 为"Statistical Analysis System"的缩写,意为统计分析系统。SAS 集数据存取、管理、分析和展现于一体,为不同的应用领域提供了卓越的数据处理功能。SAS 被广泛应用于政府行政管理、科研、教育、生产和金融等不同领域,并且发挥着愈来愈重要的作用。它独特的"多硬件厂商结构"(MVA)支持多种硬件平台,在大、中、小与微型计算机和多种操作系统(如 UNIX,MS-

Windows 和 DOS 等)下皆可运行。SAS 采用模块式设计,用户可根据需要选择不同的模块组合。SAS 适用于具有不同水平和经验的用户,初学者可以较快掌握其基本操作,熟练者可用于完成各种复杂的数据处理。SAS 的"OR 模块"提供了丰富的运筹学计算功能。

SAS 的特点包括:

※ SAS 目前是国际上公认的权威软件,很多科技研究工作将 SAS 作为标准处理工具。

※ 使用简便,操作灵活,使用者只要告诉 SAS"做什么",而不必告诉其"怎么做"。

※ 功能强大,统计方法齐、全、新,把数据存取、管理、分析和展现有机地融为一体。

(3) Mathematica 的概况

Mathematica 是美国 Wolfram Research 公司开发的数学软件。它的主要使用者是从事理论研究的数学工作者和其他科学工作者,以及从事实际工作的工程技术人员。Mathematica 可以用于解决各种领域的涉及复杂的符号计算和数值计算问题。它代替了许多以前仅仅只能靠纸和笔解决的工作,这种思维和工具上的双重革新可能对各种研究领域和工程领域产生深远的影响。

Mathematica 的特点包括:

※ 拥有强大的数值计算和符号计算能力,在这一方面与软件 Maple 类似。对于输入形式有比较严格的规定,用户必须按照系统规定格式输入,系统才能正确地处理。

※ 基本系统主要是用 C 语言开发的,提供了一套描述方法,相当于一个编程语言,用这个语言可以编写程序,解决各种特殊问题。因此,Mathematica 可以比较容易地移植到多种平台上,扩充和修改都可以方便完成。

※ 作为一个交互式的计算系统,运算工作在用户和 Mathematica 互相交换、传递信息数据的过程中完成。

(4) SPSS 的概况

SPSS 是该软件英文名称的首字母缩写,原意为 Statistical Package for the Social Sciences,即"社会科学统计软件包"。但是随着 SPSS 产品服务领域的扩大和服务深度的增加,SPSS 公司已于 2000 年正式将英文全称更改为 Statistical Product and Service Solutions,意为"统计产品与服务解决方案"。SPSS 是世界上最早的统计分析软件,应用于自然科学、技术科学、社会科学的各个领域,分布于通信、医疗、银行、证券、保险、制造、商业、市场研究、科研教育等多个领域和行业,迄今 SPSS 软件已有 40 余年的成长历史,成为世界上应用最广泛的专业统计软件。在国际学术界有条不成文的规定,即在国际学术交流中,凡是用 SPSS 软件完成的计算和统计分析,可以不必进一步说明算法。由此可见 SPSS 产品影响之大和信誉之高。

SPSS 的特点包括:

※ 与 SAS 类似,SPSS 也由多个模块构成。采用类似 Excel 表格的方式输入与管理数据,数据接口较为通用,能方便地从其他数据库中读入数据。

※ 是世界上最早采用图形菜单驱动界面的统计软件,它最突出的特点就是操作界面极为简洁,输出结果清晰、美观。

※ 使用 Windows 的窗口风格展示各种管理和分析数据方法的功能,使用对话框展示出各种功能选择项。

※ 设计了语法生成窗口,用户只需在菜单中选好各个选项,然后按"粘贴"按钮就可以自动生成标准的 SPSS 程序。

(5) LINDO/LINGO 的概况

LINDO 和 LINGO 是美国 LINDO Systems 公司开发的一套专门用于求解最优化问题的软件包。LINDO(Linear Interactive and Discrete Optimizer,线性交互离散优化器)用于求解线性规划、二次规划、整数规划等问题,LINGO(Linear Interactive General Optimizer,通用线性交互优化器)除了具有 LINDO 的全部功能外,还可以用于求解非线性规划问题,也可以用于一些线性和非线性方程(组)的求解等等。LINDO 和 LINGO 软件的最大特色在于可以允许优化模型中的决策变量是整数(即整数规划),而且执行速度很快。LINGO 实际上还是最优化问题的一种建模语言,包括许多常用函数可供使用者建立优化模型时调用,并提供与其他数据文件(如文本文件、Excel 电子表格文件、数据库文件等)的接口,易于方便地输入、求解和分析大规模最优化问题。由于这些特点,LINDO 系统公司的线性、非线性和整数规划求解程序已经被广泛应用于生产规划、交通运输、财务金融、投资分配、资本预算、混合排程、库存管理、资源配置等领域。由于 LINGO 已经能够完全替代 LINDO 的功能,所以 LINDO 在 6.1 版本后已不再发行。现行的主流软件为 LINDO API(Application Programming Interface)(V12.0)、LINGO(V18.0)和 What's Best! (V16.0)。其中,What's Best! 作为 Excel 的插件(Add-In)形式,安装在 Excel 平台上使用。

LINGO 的特点包括:

※ 是建立和求解线性、非线性和整数最佳化模型更快、更简单、更有效率的综合工具,提供了强大的语言和快速的求解引擎,来阐述和求解最优化模型。

※ 可以将线性、非线性和整数问题迅速地予以公式表示,并且容易阅读、分析和修改。

※ 建立的模型可以直接从数据库或工作表获取资料。同样的,也可以将求解结果直接输出到数据库或工作表。

※ 内建的线性、非线性、二次约束、整数等问题的最优化求解引擎,并会自动选择合适的求解器。

※ 提供完全互动的环境供用户建立、求解和分析模型。

(6) GAMS 的概况

GAMS 是一般性代数模型系统(General Algebraic Modeling System)的缩写,最早由世界银行的 Meeraus 和 Brooke 所开发。事实上,GAMS 并不代表任何最佳化数值算法,只是一个高级语言的使用者接口。利用 GAMS 可以很容易地建立和修改规划模型输入文件,经过编译后成为较低阶的最佳化数值算法程序所能接受的格式,再加以执行并输出结果。

数值算法方面,对线性与非线性规划问题,GAMS 使用由新南威尔士大学的 Murtagh 及斯坦福大学的 Gill、Marray、Saunders、Wright 等人所发展的 MINOS 算法。MINOS 是"Modular In-core Non-linear Optimization System"的缩写,这个算法综合了缩减梯度法和准牛顿法,是专门为大型、复杂的线性与非线性问题设计的算法。对混合整数规划问题,则采用亚利桑那大学的 Marsten 及巴尔的摩大学的 Singhal 共同开发的 ZOOM (Zero/One Optimization Method)算法。GAMS 是针对数学规划的高阶建模系统,包含了编译器和高效能的求解引擎。GAMS 是针对大型、复杂的建立模型应用而量身定做的,可让使用者迅速建立模型且容易修改。GAMS 让使用者可以专注于代数、修改模型的方程、更换求解引擎或将线性模型转变为非线性模型等核心工作。GAMS 的语言和一般常用的语言类似,因此有程序语言编写经验的人都很容易上手使用 GAMS。

GAMS 的特点包括:

※ GAMS 可以使用户从处理纯数学问题中解脱出来,有更多的时间来思考问题、建立模型和分析计算结果。GAMS 的模型是简捷的代数叙述,不论是人或机器都很容易解读 GAMS 模型。

※ GAMS 以功能强大和具有弹性著称。模型可以完全由一个平台移植至另一个平台。使用者可以建立一个模型来求解,然后 GAMS 会产生求解后的报告。

※ GAMS 具有丰富的规划模型求解引擎。

(7) WinQSB 的概况

QSB 是 Quantitative Systems for Business 的缩写,早期的版本在 DOS 操作系统下运行。QSB 经过多次升级,现在已经能在 Windows 操作系统下运行。

WinQSB 软件是基于模块化设计的一款专业运筹规划和决策辅助软件,用户可以根据不同的实际需要选择子模块程序功能。该款软件不但基本包括了常规的运筹学规划功能,还涉及了计划编制、抽样分析、进度安排、物料需求计划(MRP)、质量控制、马尔可夫过程、回归预测、场地布置、决策分析等丰富功能,对于一般的中小型问题均能提供满意的解决方案,因此 WinQSB 在生产经营部门得到了广泛应用。另外,WinQSB 具有简单易学和上手迅速的特点,软件包中为每个子模块程序提供了典型的案例数据文件,还可以对某些问题演示中间运算过程,因此该软件还经常被选为学习运筹学的教学软件。

需要提醒读者的是,目前 WinQSB 2.0 仍为 32 位软件。该软件无法在 64 位操作系统上顺利安装运行,只能在 32 位操作系统上使用。

(8) Excel 的概况

Microsoft Excel 是微软公司的办公软件 Microsoft Office 的组件之一,是由微软公司为安装 Windows 和 Apple Macintosh 操作系统的电脑而编写和运行的一款试算表软件。Excel 可以进行各种数据的处理、统计分析和辅助决策操作,广泛地应用于管理、统计财经、金融等众多领域。作为 Microsoft Office 的主要成员之一,Excel 几乎普及到每一台个人电脑中,成为计算机商业软件中的代表。这是一个用于建立与使用电子报表的实用程序,也是一种数据库软件,用于按表格的形式来应用数据记录。Excel 用于处理大量的数据信息,特别适用于数字统计,而且能快速制定表格。作为一个电子报表的专业软件,Excel 的"规划求解"等加载宏功能将其扩展成为一个优化求解的强大工具。本书随后将集中篇幅对"规划求解"以及"TreePlan"加载宏功能展开细致的介绍。

本书所有电子表格文档均已在 Microsoft Excel 2013 基础上建立并通过。

(9) 其他

事实上,几乎所有的符号运算型软件均或多或少地具有规划求解的功能。国内外先后开发了不同风格、不同规模的专门规划软件,例如 Eviews、AIMMS、Visual Decision、Crystal Ball、Expert Choice、SQP、Decision Explore、DPS、ORS、TreeAge 以及大量的 CAI 软件等。近年来,越来越多的专用计算机管理系统也逐步将优化求解的功能包含在内。这些软件结合各自的服务对象,将规划求解模块(或功能)融合在整个系统当中。比如大型的物流管理系统、交通运输管理系统、物资配送系统,全部或部分实现了优化决策的功能。未来规划软件的发展,其趋势将是越来越智能化、图形化和人性化,从而使规划软件成为研究者和管理者的常用辅助决策工具。另外,大数据技术对规划求解的影响也不能忽视。

1.4　建立数学模型的思路和方法

1.4.1　模型概述

建立模型是科学探索工作的重要研究方法之一。无论是规范研究、实证研究、案例研究,还是情景研究、现场调研,大多数科学研究工作以及生产管理实践会具体落实在"模型"研究之上。各界对模型如此重视,无非是成本压缩和技术实现两个主要的原因。模型的科学建立可以有效地压缩对原始问题的研究成本(包括时间成本),甚至可以实现当前技术上无法付诸实践的前期工作。比如风洞中的飞机模型,通过测量模型在不同飞行状态下的气流情况,可以用较小的成本得到实验数据。而这些数据显然比真实样机的实际飞行实验要经济和安全得多。再如 20 世纪 70 年代克莱因(Klein)开发的多国联接模型计划,从开始只有 8 个国家和地区,发展到目前已经包括了 70 多个国家和地区的模型,变量数目达 3 万多个,方程数目已达 1 万条以上。即便是如此规模庞大的模型,也仅仅是对实际情况的局部模拟。试图将现实世界的所有经济因素考虑在模型之内,无论在成本方面,还是在技术方面,均是不可行的。

事实上,任何研究对象在经过人类的实验或者思维抽象以后,都已经被研究者不由自主地"模型化"了。科学研究领域中的模型概念,通常可以大致分成形象模型、模拟模型和数学模型三类。数学模型是众多模型中的一种。由于研究者或者建模者站在不同的角度可以有不同的理解,现在理论界对数学模型还没有一个统一的定义。不过我们可以给出如下一般化的叙述:数学模型是关于部分现实世界和为一种特殊目的而形成的一个抽象的、简化的数学结构。具体来说,数学模型就是为了某种(简化、模拟、类比等)目的,用文字、数学、语言及其他抽象符号建立起来的映射关系以及图表、图像、框图等描述客观事物的主要特征及其内在联系的结构表达工具。

建立数学模型是一项十分复杂的创造性工作。面对形形色色的分析对象,几乎不可能用一个通用的方法指导如何建立具体模型,这里只是大致归纳一下数学建模的一般步骤和原则:

① 模型准备:首先要了解问题实际背景,明确解决方案要求,收集各种必要的信息。

② 模型假设:为了利用数学方法,通常要对问题做必要和合理假设,使问题的主要特征凸显出来,同时合理忽略掉问题的次要方面。

③ 模型构成:根据所做的假设以及事物之间的联系,构造各种量之间的关

系,把问题数量化、逻辑化和公式化。

④ 模型求解:利用数学方法来求解上一步所得到的数学问题,此时往往还要做出进一步的简化或假设,同时注意要尽量采用已知的、常用的、简单的数学工具。

⑤ 模型分析:对所得到的解答进行分析,特别要注意当数据变化时所得结果是否稳定变化。

⑥ 模型检验:分析所得结果的实际意义,与实际情况进行比较,评价结果是否符合实际。如果不够理想,应该修改、补充假设,或重新建模。

⑦ 模型应用:注意所建立的模型在实际应用中效益产出以及不足之处。一个有生命力的模型应当在应用中不断改进和完善,因此并不存在一成不变的模型。

1.4.2　建模思路

建立模型能力的实现需要明确的思路指导。对于规划求解问题,大致的思路如下:

(1) 明确决策问题的目标

在拿到问题之后,首先要明确待决策问题的目标是什么:是成本问题,还是效率问题,或者是其他问题。目标是否能够量化?量纲是什么?不能量化怎么处理?目标结果是单目标决策,还是多目标决策?是动态决策问题,还是静态决策问题?在单目标决策的情况下,是寻求问题的最大值,还是最小值,或者是某个特定的值域?目标的大致逻辑表达式是什么?影响目标的因素有哪些?特别需要注意的是:对于决策或者规划问题中无法定量化的部分,应当进行定性的分析描述,并从问题中分离出来,形成单独定性分析报告。

(2) 明确影响目标的决策变量

这是建立模型最重要的工作。一个数学规划模型是建立在逻辑关系和变量定义基础之上的,而没有了变量,逻辑关系也随之消失。因此,正确地定义规划模型的变量,是建立模型的基础工作。定义决策变量的原则是"宁缺毋滥",努力控制变量的规模,尽量用已有的变量组合"派生"变量,避免不必要的变量冗余,以减少模型计算时的压力。

确定模型变量的一个有效的切入点是:通常情况下,决策者在问题中所能左右和修改的决策值,往往可以作为模型的决策变量。然而这个判断是不牢靠的,在一些时候,模型还可能会涉及一些中间变量,这些变量内生于问题的系统内部,起到逻辑的约束和传递作用,并不以决策值的形式出现。还有些特殊的问题,决策变量同时还担任了约束条件的功能。无论决策变量的形式如何,在规划模型中的统一特点是:决策变量终究是"变量",存储在计算机可变存储单元中,每次在模型上机"加电"(即程序通过)前,这些决策变量的系统默认值是"0"或者逻辑"非-false"。

(3) 明确影响目标的约束条件

通常而言,规划求解的对象会面临一个或者一个以上的约束条件。但是,并不是所有的无约束问题都不能用规划求解的思路来解决。例如重心法选址就是无约束的规划问题。事实上,无论有无约束,很多求最优结果的规划问题,都可以借助"规划求解"的方法来解决。当然在现实中,没有约束的规划问题毕竟是比较少见的。在明确了目标的种种考虑以后,进一步考察实现或者影响这个目标的种种限制条件。建立约束条件的原则与定义决策变量时相反,应当遵守"宁多毋漏"的原则。在这个原则下,纵使某些约束条件出现了冗余甚至重复,在模型计算过程中也会自动简化掉。某项约束条件一旦遗漏,往往可能会导致模型产生建模者无法察觉到的致命错误。

约束条件往往存在四种形式:

一种是数量约束关系,往往可以表示成"＝"、"≥"或者"≤"的(不)等式形式。这种类型的约束通常源自实际问题中的上限、下限以及平衡关系等。这类约束是最常见的规划问题的约束。注意:通常应当避免"＜"和"＞"形式的约束关系。

一种是逻辑约束关系,往往出现在相对复杂的规划问题中,以"if-then"的形式存在。这种类型的约束通常需要定义逻辑变量配合使用。

一种是变量本身的约束,往往在定义变量的同时决定。比如实际问题中变量的非负前提条件、整数规划中对变量的整数要求、逻辑问题中对变量的二进制规定等。

还有一个比较特别的约束,是优先级别约束。这类约束实质上是"约束的约束",表达了上述其他三种约束条件实现的优先次序和重要程度,可以赋以权重值表示,也可以通过其他形式表示。在本书第 6 章的目标规划部分,详细阐述了这种约束的原理和应用。

(4) 明确人机对话的方法

在目标、变量和约束都明确以后,接下来的一项工作是把它们"翻译"成机器能识别的"语言"。人机对话是计算机操作者或用户与计算机之间,通过交互设备(比如鼠标、键盘等)以类似对话方式进行的工作。操作者可用命令或命令过程"告诉"计算机感知某种信息或者执行某一任务。在对话过程中,计算机也可能要求操作者回答一些问题,给定某些参数或确定选择项。通过人机对话,操作者对计算机的工作给以引导或限定,监督任务的执行。良好的人机对话能力需要使用者对具体的规划软件熟悉掌握,才能灵活应用这种软件的各种内部函数以及输入输出手段。虽然这项工作类似编程,但是在 Excel 环境下,人机对话更接近"窗口式",对话的重心显然是将模型结构和规划意图"告诉"计算机。

(5)明确计算结果的含义

在上述人机对话结束后,软件将进行规划运算,将得出所有变量、约束和目标的最终值。我们常常将软件的"计算结果"与规划的"最优解"混淆。注意,这组包含变量、约束和目标的最终结果值可能仅仅是软件按照事先规定的规则终止运算的当前值,并不一定是最优解和最优值。因此,必须要读懂软件运算结果的含义,对真正的最优值进行确认,对非最优值要查找原因,进行合理的解释。

另外,由于规划问题的特殊要求,往往还要对最优解以及相关参数等进行另外的研究。

1.4.3 建模流程

建立规划模型的工作既是一门科学,又是一门艺术。不存在唯一的标准流程用以建立模型。在通常情况下,如图 1-5 所示的流程图对解决大多数实际问题的计算机建模工作具有指导意义。

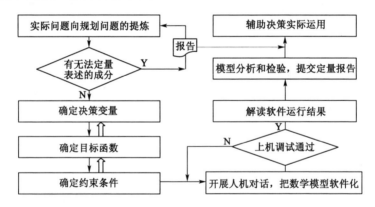

图 1-5 解决规划求解问题的技术思路

在遇到实际规划问题时,首先要对问题进行预先的结构化处理。对于问题中确实无法结构化的部分,尽量要采取各种已知的手段进行处理,保证规划问题信息的最大保留。对于实在无法结构化的部分,也不应采取回避的态度,而是建议专门形成一个辅助的补充报告,在经过计算机建立模型并运算完成后,最后补充到运用结果中。大量实际经验告诉我们,任何一次建模工作均会或多或少地遇到无法量化内容(某些变量甚至无法量化),而往往这些信息对于决策者最终决策行为起到至关重要的影响,因此图 1-5 中的非结构化信息的"报告"决不能省略。

在过滤了非结构化信息以后的工作中,建议读者参考这样的研究顺序:首先确定决策变量,其次是目标函数,最后是约束条件。千变万化的实际问题,势必会影响这个常规的思路顺序。因此,建议建模者在分析确定"变量"、"目标"和"约束"这三个规划问题的重要元素时,统筹考虑,合理开展"回头"思考(见图中的反馈箭头),为随后的工作打下良好的基础。

1.5　本书导读

1.5.1　本书学习方法

本书是为已经初步掌握运筹学基础理论知识的读者精心准备的一本"上机指南",着力去强化此类读者在建立规划模型和微机操作方面的实用技能。随后的各章节仅对涉及的理论做必要的介绍,因而有目的地简化了详细的理论阐述。鉴于此,本书并不能完全代替运筹学教材。因此,对于以全面掌握运筹学理论体系为目标的读者,建议结合系统性讲授运筹学的教材,对照相应章节内容,将基础知识打牢。笔者之前将本书以讲义形式作为运筹学上机教程时,一直围绕以下教材开展课堂教学:《运筹学》(宋学锋主编,东南大学出版社 2016 年版)和《管理运筹学》(魏晓平、宋学锋编,中国矿业大学出版社 2011 年版)。推荐读者参考上述教材,与本书配合使用,同步学习。

本书也是一本规划求解的案例导航集锦,为以实用为目的的读者精心编写设计了多个生动的案例。这些案例均是生产管理中的典型问题,语言简洁朴实,贴近生产实践。典型案例安排在相应章节之前,建议读者首先独立思考建模思路,争取上机实现,发挥自己的创造性,然后再去阅读(或者上机运行)本书提供的电子模型文件,从而体会以殊途同归的方式,发现问题、定义问题和解决问题的乐趣。与任何上机训练一样,读者可以充分调动独立解决问题的主观能动性,发挥自身的创造能力,从不同的视角拓展对运筹学理论的理解,以期得到最佳的学习效果。建议读者在"读懂"和"理解"各个案例模型的电子表格的基础上,在空白电子表格上独立完成建立电子表格模型的全过程,达到理论知识向应用能力的自主转化。

作为一本围绕 Excel 工具而展开的上机教程,本书努力以一种新的方式开展运筹学的"教"与"学",因此同样欢迎以直接实践和快速上手为目的的读者阅读本书,克服对运筹学带来大量复杂计算的畏难心理,尽快掌握一些决策活动和规划工作中的运用能力和操作技能。书中涉及的 Excel 知识,均属较为基础的层面,因此相信绝大多数具有基本 Microsoft Office 软件操作经验的读者,可以顺利完成本书所有电子模型的上机操作过程。

本书还介绍了"决策树分析"(Tree. xla)加载宏工具的使用。希望读者能在熟悉使用 Excel 加载宏这个功能方面,进一步拓展视野,熟悉建立"决策树"的操作。

1.5.2 本书主要内容

全书共有 11 章,内容安排如下:

第 1 章阐述了规划问题的计算机应用、常用规划软件,以及建立数学模型的初步知识。

第 2 章全面介绍 Excel 的基本操作技能和"规划求解"的预备知识。对 Excel 以及"规划求解"的初学者而言,这是比较重要的一章。如果读者对这部分知识相对熟悉,可以跳过这部分内容,直接进入规划求解的内容。本书案例演示操作所使用的软件是 Microsoft Office Excel 2013。如果读者使用其他版本的 Excel 软件,细节区别可以参考与之相应的软件操作手册或者帮助信息。

第 3 章到第 5 章的内容是围绕电子表格建立模型的"初识—提高—拓展"的"三部曲"。第 3 章,用一个简明的例子进行常规运筹模型和电子表格建模的对照,同时对软件规划结果进行详细解析。第 4 章,详细分析建模的程序、原则和调试。第 5 章,在掌握基本技能的基础上,从电子表格的运用角度,进一步讨论线性规划理论中的"敏感性分析""影子价格"等问题。

第 6 章到第 10 章,分章对目标规划、整数规划(包括指派问题和背包问题)、运输问题、网络分析与网络规划、数据包络分析(DEA)进行介绍。

第 11 章就决策树分析进行了系统和详细的电子表格建模和规划求解的专门阐述。

1.5.3 本书电子文档

本书各个案例的电子表格文件将会给读者带来书面叙述无法替代的信息量,因此建议读者在计算机辅助下学习本书。有条件的教学单位,建议在计算机实验室(机房),完成授课过程。本书所有案例均有对应的电子文档(或程序文件),读者可致询作者邮箱获取本书电子文档支持。具体方法参考本书前言部分的介绍。案例的电子表格文件名按照"所在章—案例序号. xlsx"规律命名并在书中予以标明,以方便读者对照查找。

练习与巩固

1. 运筹学对计算机应用能力的要求有哪些？

2. 你使用过带有规划功能或者最优求解的软件吗？它们的功能特点和操作步骤是什么？

3. 科学研究中的模型有哪些？谈一谈你认识到的科学模型例子。请分别举例说明。

4. 你有建立数学模型的经历吗？这项富有挑战性的工作的特点是什么？

5. 建立规划模型的步骤是什么？你认为最重要的步骤是哪个？为什么？

6. 本书随后将按照流程图(图 1-5)对规划问题开展建模分析。请熟悉这个技术路线,并提出自己的见解和改进意见。

第2章 利用 Excel 实现"规划求解"

2.1 "规划求解"的介绍

2.1.1 Excel 的"加载宏"

宏的英文名称为"Macro",意思就是由用户定义好的指令,即连续的命令及操作步骤。这些命令及步骤依序保存为一个"宏命令",可在需要执行该任务时运行。宏的特点是可以使频繁执行的动作批量化和自动化,从而节省键击和鼠标操作的时间。举例来说:某公司财务部的工作人员需要制作近千份格式相同的员工年度工资统计表,表格的单元格设置需要完全一致,如果一份一份制作,数据的输入和格式变换将会十分耗时。此时如果将这些操作工作制作成为一个由用户自己定义的"宏命令",当用户操作一些按键或者功能菜单时,系统便会自动完成定义好的工作,这样就能使重复性的工作大大提高效率和减少出错。实际上,制作宏的工作就是对已有的软件功能进行个性化的改进和拓展的工作。

相信不少读者经常听到的"宏"这个名称是与"病毒"联系在一起的。所谓"宏病毒",其实就是某些用户恶意利用宏的特性以及 VBA 程序等,在 Excel 的工作簿文件以及其他格式的 Office 文件里建立的恶意指令。对于 Excel 文件,这些病毒一般保存在工作簿或者加载宏程序中,一旦用户打开一个含有宏病毒的工作簿文件,或者误执行了一个宏病毒的操作时,病毒就会发作,可能会造成用户文件的损坏或者删除,甚至"传染"给其他正在打开的工作簿文件。某些恶意的宏会引发潜在的网络安全风险。比如具有恶意企图的人员(诸如黑客)可以在文件中引入破坏性的宏,从而在计算机网络中传播病毒。我们打开 Excel 文件时,计算机会主动检查此文件中是否含有宏,因此建议在不涉及宏功能操作的常规使用时,将宏功能暂时关闭以避免宏病毒的发作。

加载宏又被称为扩展宏,是通过增加自定义命令和专用功能来扩展Microsoft系列办公软件功能的补充程序。在 Word、Excel、PowerPoint、Access、Outlook、InfoPath、Publisher 七件套中,除 InfoPath 外都能自定义加载宏。可从 Microsoft Office 网站或第三方供应商获得加载宏,也可使用 Visual Basic for Applications 编写自定义加载宏程序。

因此,加载宏程序是一类程序,属于高级的宏,它们为 Microsoft Excel 添加可选的命令和功能。例如"规划求解"加载宏程序提供了规划功能,可用它来完成大部分运筹学的规划求解问题。此类加载宏是 Microsoft Office 办公软件的一项重要功能,属于办公软件自身功能之一,不需要另行安装软件。用户制作的宏文件可以像 Office 制作的普通文档一样进行保存、打开、复制、与他人分享等操作。加载宏对于专业从事办公软件操作的人员非常重要,熟练掌握加载宏,可以让操作人员从繁重的数据处理工作中解脱出来。加载宏的运用可以极大地提高工作效率和质量。

Excel 有三种类型的加载宏程序,包括 Excel 加载宏、自定义的组件对象模型(COM)加载宏和自动化加载宏。它们的具体区别是:

① Excel 加载宏:这是 Excel 安装时一组自带的加载宏,其他加载宏可从互联网获取或直接购买。这类加载宏必须安装,十分类似 Excel 的拓展函数,功能类型非常广泛。"规划求解"加载宏属于这一类加载宏。在一些场合,加载宏程序也被称为 Add in,即"插件"。

② 自定义的组件对象模型加载宏:可以将用户自己的 Visual Basic 程序作为自定义加载宏使用。我们认为:掌握宏的操作和技巧,是 Excel 用户从初期向中高级进阶的重要标志之一,因此希望读者认真学习这方面的知识。有意深入掌握这部分知识的读者请进一步参阅 Visual Basic、Visual C++ 和 Visual J++ 等相关书籍。

③ 自动化加载宏:这类加载宏允许从工作表中调用 COM 自动化功能。这种加载宏更加类似于一类安装软件,开发者通常为加载宏提供安装和删除程序,安装后可以通过"工具"菜单访问已在系统上注册的自动化加载宏。

2.1.2　加载宏的开发

开发 Excel 加载宏的方法有多种,最常用的是使用 VBA(Visual Basic for Applications)。VBA 简单易用并且与 Microsoft Office 完全兼容,通常是个人开发 Office 加载宏的首选。Visual Basic(VB)是 Windows 环境下开发应用软件的一种通用程序设计语言,功能强大,简便易用。VBA 是 VB 的一个子集,可以广泛地应用于 Microsoft 公司开发的各种软件,例如 Word、Excel、Access 等。但是它却不适用于商业产品,因为 VBA 代码几乎以文本形式存在于文件中,很容易就被一些工具软件完整地读出来,甚至其中的注释都一览无余。使用 Atl(ActiveX template library)可以开发加载宏,但是 Atl 代码会让初学者和不熟悉

Visual C++的用户感到困难,而且 Atl 对不同版本的 Office 要使用不同的导入库。对于 Excel 而言,用户还可以使用它的 C 接口来开发 xll 加载宏,这属于更高阶的内容。

Excel 1997～2003 加载宏扩展名是:文件名.xla;Excel 2007 以及更高版本的加载宏扩展名是:文件名.xlam。加载宏里面只是存放了可以运行的宏代码,不能存放数据。文件名.xls(或文件名.xlsx)则是 Excel 工作簿文件格式,Excel 中所有的数据都可以生成.xls(或.xlsx)来存放,当然也可以包括.xla(或.xlam)的内容。

2.1.3 "规划求解"加载宏简介

Excel 的宏的应用领域十分广泛,商业软件公司和各行各业的用户已经开发了数量巨大的宏,涵盖办公处理、财务管理、人力资源、工业控制等领域。"规划求解"就是 Excel 众多宏中的一个加载宏,借助"规划求解",可求得工作表上某个单元格(被称为目标单元格)中公式(单元格中的一系列值、单元格引用、名称或运算符的组合,可生成新的值,总是以等号"="开始)的最优值。"规划求解"将对直接或间接与目标单元格中公式相关联的一个或者一组单元格(可变单元格)中的数值进行调整,最终在目标单元格公式中求得期望的结果。在创建模型过程中,可以对"规划求解"模型中的可变单元格数值应用约束条件("规划求解"中设置的限制条件)。可以将约束条件应用于可变单元格、目标单元格或其他与目标单元格直接或间接相关的单元格,而且约束条件可以引用其他影响目标单元格公式的单元格。Microsoft Excel 的"规划求解"工具取自德克萨斯大学奥斯汀分校的 Leon Lasdon 和克里夫兰州立大学的 Allan Waren 共同开发的 Generalized Reduced Gradient(GRG2)非线性最优化代码。线性规划和整数规划问题取自 Frontline Systems 公司的 John Watson 和 Dan Fylstra 提供的有界变量单纯形法和分支限界法。目前的简体中文版 Microsoft Office 2013 中的"规划求解"已经实现了完全汉化。在 Microsoft Office 2007 以及随后的各个版本的 Excel 软件中,"规划求解"宏的名称是"Solver.xlam",功能逐步完善和增强,常常被称作"求解器"或者"解算机",更通俗的叫法则是"求解程序"。

2.1.4 启用或禁用 Office 文件中的宏

许多宏都是使用 VBA 创建的,并由软件开发人员负责编写。但是,某些 VBA 宏会引发潜在的安全风险。具有恶意企图的人可以在文件中引入破坏性的宏,从而在计算机或网络中传播病毒。因此,Microsoft Excel 具有启用和禁用 Office 文件中的宏的选择。

以下几种方式可以启用宏：

（1）在出现消息栏时启用宏

当打开包含宏的文件时，可能会出现带有防护图标和"启用内容"按钮的黄色消息栏，表明宏被禁用。 △ 安全警告 宏已被禁用。 启用内容

如果确信该宏或这些宏的来源可靠，请按以下说明操作：

在"消息栏"上单击"启用内容"。此时将打开文件，并且文件是受信任的文档。

（2）在后台（Backstage）视图中启用宏

当出现黄色消息栏时，另一种方法是使用 Microsoft Office Backstage 视图，该视图将在单击"文件"选项卡后出现。点击"信任中心"后，界面见图 2-1。

图 2-1　Excel 选项｜信任中心

点击"信任中心设置"后，出现图 2-2 所示界面。系统管理员可能已经更改了默认设置，以防止任何人更改设置。在信任中心更改宏设置时，仅针对当前正在使用的 Office 程序更改宏设置，而不是针对所有 Office 程序更改宏设置。

在信任中心可以更改宏设置。以下是宏设置的介绍：

※ 禁用所有宏，并且不通知：宏及相关安全警报将被禁用。

※ 禁用所有宏，并发出通知：宏将被禁用，但如果存在宏，则会显示安全警告。可根据情况启用单个宏。

※ 禁用无数字签署的所有宏：宏将被禁用，但如果存在宏，则会显示安全警告。但是，如果受信任发布者对宏进行了数字签名，并且用户已经信任该发布

图 2-2　信任中心｜宏设置

者,则可运行该宏。如果用户尚未信任该发布者,则会通知用户启用签署的宏并信任该发布者。

　　※ 启用所有宏(不推荐;可能会运行有潜在危险的代码):运行所有宏。此设置使用户的计算机容易受到潜在恶意代码的攻击。

　　※ 信任对 VBA 工程对象模型的访问:禁止或允许自动化客户端对 Visual Basic for Applications (VBA)对象模型进行编程访问。此安全选项用于编写代码以自动执行 Office 程序并操作 VBA 环境和对象模型。此设置因用户和应用程序而异,默认情况下拒绝访问,从而阻止未经授权的程序生成有害的自我复制代码。要使自动化客户端能够访问 VBA 对象模型,运行该代码的用户必须授予访问权限。要启用访问,请选中该复选框。

2.2　"规划求解"的安装、加载和卸载

　　简单地说,Excel 加载宏就是在通用的 Excel 环境中增加的专门功能模块。Excel 强大的功能众所周知,它既可以作为小型的数据库软件,又可以作为统计分析工具,但由于 Excel 是一个针对大众用户的通用产品,许多功能被设计得较为标准化,因此也限制了这款软件的专业性。于是软件商和众多用户在Excel现有功能的基础上增加一些更适合专业使用的拓展功能,Excel 加载宏就起到这

样的作用。通过 Excel 加载宏,可以将 Excel 打造升级成一个更加专业的规划软件,而不必耗时费力去重新开发一个新的系统。

2.2.1　安装"规划求解"

安装 Microsoft Office 的时候,如果系统默认的安装方式不安装宏程序,则需要用户根据自己的需求选择安装。安装不完整、精简过的系统文件,Ghost 方式安装或者非正版途径安装的 office 操作系统,加载宏程序时往往不能正常加载使用,可能会有图 2-3 所示的提示。

图 2-3　需要安装的提示

Excel 加载宏程序通常会安装在系统硬盘 Microsoft Office 的默认安装目录下。当然,用户也可将该加载宏程序自主安装到其他适合的位置。如果在硬盘或网络驱动器上找不到某个特定的加载宏,那么 Excel 将会弹出上述要求安装的对话框,用户需要进一步对其进行安装。安装加载宏后,必须将"规划求解"加载宏加载到 Excel 中。

在确定安装的指令后,得到 Microsoft Office 的进度提示,见图 2-4。

图 2-4　正在安装进度提示

安装过程请按照系统提示进行相关操作，一般需要准备原始正版安装盘（或者直接读取系统预装内容）进行自动安装。注意：这里的"安装"不等同于"加载"。安装加载宏后的计算机只是在合适的位置保留着加载宏程序文件。但如果这个宏文件并未激活而且其功能并未体现在打开的 Excel 软件中，则属于未被加载。

当然也可以人工把"Solver.xlam"以及"Solver32.dll"文件复制到 Microsoft Office 2013 的相关安装目录下，并请记住安装路径，以便随后人工加载激活。

2.2.2　加载"规划求解"

对于正确完整安装的 Microsoft Office 2013 操作系统，加载宏的加载激活步骤如下：

点击 Excel 软件的"文件"菜单，打开 Microsoft Office Backstage 视图，选择"选项"，弹出"Excel 选项"窗口。在该"Excel 选项"窗口左栏中，选择"加载项"。如果正确安装了"规划求解"加载宏，那么该窗口中会有"规划求解加载项"的名称、位置和类型信息，见图 2-5。如果没有显示"规划求解加载项"，则需要返回安装加载宏，参见 2.2.1。

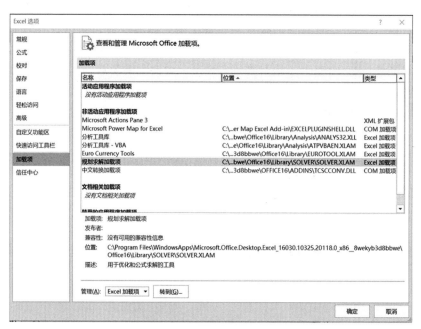

图 2-5　Excel 选项｜加载项

在"Excel 选项"窗口右栏下部,点击"管理"右边的 转到(G)... 按钮,出现"可用加载宏"选择窗口(图 2-6),勾选待添加的加载宏"规划求解加载项"选项旁的复选框,然后单击"确定"。单击"确定"以后,Excel 软件自行选择路径并加载进当前功能中。介绍一个便捷加载其他. xlam 扩展名的加载宏小技巧,首先找到需要加载的加载宏文件,单击鼠标右键选择"复制";然后打开"可用加载宏"选择窗口(图 2-6)中的 浏览(B)... ,在弹出的浏览窗口的空白处,单击鼠标右键选择"粘贴"。再次返回到"可用加载宏"窗口,此时显示区域就会相应出现复制的加载宏的名称。操作者可以按照需求,通过勾选待添加的加载宏名称选项旁的复选框,然后单击"确定"进行加载。

图 2-6　可用加载宏

完成上述加载步骤后,"规划求解"加载宏的工作按钮,一般会出现在"数据"选项卡的右端的"分析"项里面,按钮为 规划求解 。不同加载宏的工作按钮出现的位置可能会有差别,读者可以尝试安装其他加载宏。比如,TreePlan. xla 加载后,在功能区出现一个新的"加载项"选项卡(图 2-7),该选项卡菜单中,出现"Decision Tree"按钮。

图 2-7　"加载项"选项卡下的菜单

再如,SolverTable.xlam(适用于 Excel 2013 版)加载后,在功能区出现一个新的"Solver Table"选项卡,该选项卡菜单下,会出现多个功能按钮,见图 2-8。

图 2-8 "SolverTable"选项卡下的菜单

通常情况下,Excel 加载的宏越多,软件占用的系统资源越多,Excel 启动和运行就会越慢,所以请根据实际需要选择,不要加载不需要或者近期不使用的"宏"。包括"规划求解"在内的多数加载宏,均可以直接双击后激活文件的方式完成加载。但是本书不推荐这种方式,而是建议把正版的加载宏文件复制到系统硬盘 Microsoft Office 安装目录下"……\\Library"文件夹或其子文件夹,或Microsoft 所在文件夹下的"……\\AddIns"文件夹或其子文件夹。将"规划求解"等的相关文件解压到其他文件夹下,则需要进行路径选择。

需要注意的是:大部分加载宏文件均可以通过双击鼠标左键,实现直接激活。但是如果 Solver.xlam 等加载宏文件存储在移动设备上,这种方式下加载的"规划求解"等功能,建议在使用过程中不要移除该移动设备。关机重启后,系统可能需要重新安装和加载。

2.2.3 卸载"规划求解"

若要节约内存并提高 Excel 性能,就需要及时卸载不常用的加载宏。卸载过程就是加载的逆过程。Excel 中没有专门的卸载选项,而是在"加载宏"对话框中,将需要从 Excel 中卸载的加载宏复选框前的勾选取消,然后点击"确定"按钮。这时候加载宏仍然在 Excel 的菜单中,重新启动 Excel 后,卸载的加载宏就从菜单中消失了。事实上,这里所谓的"卸载"是通过"加载"空白项替换实现的。"安装"不等同于"加载","卸载"也不等同于"删除"。卸载后计算机上依然保留着加载宏程序安装文件,因此还可以轻松地重新装载该加载宏。

2.3 "规划求解"的参数和选项

读者需要明确的是:在准备开始打开"规划求解"对话框之前,应当事先在打开的电子表格文件中,规范地输入各种逻辑关系公式,包括目标函数、决策变量以及各种约束关系条件。这个过程实质上就是建立电子表格模型的准备工作。

这个准备过程完成后的下一步,便是借助计算机进行"规划求解"运算。本节详细介绍"规划求解"过程中所涉及的各参数解释和选项设置。

2.3.1　参数解释

打开 Excel 软件,选择"数据|分析|规划求解"命令,出现以下"规划求解参数"对话框(图 2-9)。

图 2-9　"规划求解参数"对话框

设置目标:类似于线性规划中的目标函数,是其他一些单元格、具体数值、运算符号的组合。该对话区输入模型的目标函数在电子表格上的绝对位置(注意:电子表格的单元格引用位置用列和行的标号共同标定,绝对位置用"$"限制)。默认的目标单元格是该模型最近一次参数定义的位置。如果是首次定义目标单元格,默认值是激活参数对话框之前的电子表格上的当前编辑提示符所在单元格位置。这是容易疏忽而定义出错的地方,请本书读者尤其是初学者注意。目标单元格必须是公式,即一定是以"="开始;否则会出现错误提示。另外,"规划求解"在定义目标单元格时,只能定义单个的单元格;否则出现"目标单元格必须是活动工作表上的单个单元格"的错误提示。

拖曳按钮:点击这个按钮,可以代替键盘,通过鼠标拖曳操作实现在电子表格上的输入。鼠标操作方式和键盘上的"Shift"、"Ctrl"或"Alt"按键的组合运用方式,请读者参考相关 Excel 操作规则。

最大值、最小值、目标值:类似于线性规划中目标函数的 min(最小值)或 max(最大值)的定义,在此指定是否希望实现目标单元格为最大值、最小值或某一特定数值。首次定义默认为最大值。如果需要规划结果为目标值(即指定数值),请在右侧编辑框中键入该值。该值的默认值是 0。指定值规划,类似在目标值下,由软件给出一组实现这个目标值的可行解。显然,这个可行解不是严格意义上的最优解。

通过更改可变单元格:类似于线性规划中的定义变量。在此指定模型中的可变单元格,即决策变量。求解时这些单元格中的数值不断调整,直到满足约束条件并且"努力"(注意:不一定最终满足)使"目标单元格"框中指定的单元格达到目标值。可变单元格必须直接或间接地与目标单元格相关联。Excel 2013 版的规划求解中的可变单元格(即决策变量)个数最多为 200 个。

遵守约束:这个区域不是编辑栏,而是显示栏,显示这个规划求解模型的所有约束条件。这个区域显示的约束条件,可以通过右侧按钮选项实现编辑、修改或者删除。

添加:显示"添加约束"对话框,见图 2-10。该对话框中分为三个部分。左边的"单元格引用"直接输入事先已经建模阶段输入的约束关系条件的单元格位置(注意:不要在这个对话框输入公式)。中间的逻辑或运算符号包含 6 种(点击下拉按钮可见,见图 2-10),分别是"<="、"="、">="、"int"、"bin" 和"dif"。

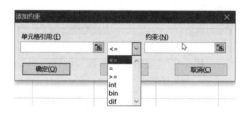

图 2-10 "添加约束"对话框以及 6 种运算/逻辑关系选择

右边的"约束"是该条约束条件数值的上限或下限,或者约束条件的逻辑值。"int"表示该约束条件值为"整数","bin"表示该约束条件值为"二进制数的 0 或 1",如果分别选择这两个逻辑运算符号,则约束值输入框自行出现"整数"或"二进制"的计算机对话结果。选择"dif",表示该约束的值均不相同,"约束"显示框出现"AllDifferent"约束逻辑值。此处不允许也不可能出现"<"和">"。

"AllDifferent"约束逻辑值不经常使用,但是这个约束选项却能在需要它的时候发挥独特的功能。利用这个功能,可以方便快捷地建立一个幻方模型。该模型利用"规划求解",通过计算机模型计算出 3 阶以及更高阶数的幻方模型结果。幻方模型电子表格,请参考本书提供的下载文档。

点击该对话框的"确定"或"取消",返回"规划求解参数"对话框。点击"添加"则不断增加该模型的约束条件。

更改:选择需要修改的约束后,点击"更改"显示"更改约束"对话框。修改操作同上。

删除:选择需要修改的约束后,点击"删除"则实现删除选定的约束条件。

全部重置:清除规划求解对话框中的当前设置,将所有的选项设置恢复为初始清零值。

装入/保存:在工作表范围内载入模型设定的以前参数或者保存当前参数。点击"装入/保存",显示"装入/保存模型"对话框(图 2-11)。

保存模型:一般在多组规划求解参数时,才需要保存模型。可以在指定位置保存模型(保存模型时,输入要放置在垂直范围为空单元格的第一个单元格的引用位置)。只有需要在工作表上保存多个模型时,才单击此命令。第一个模型会自动保存。

装入模型:选择包含问题模型的整个单元格范围的引用位置,点击"装入"。

通过"装入/保存",可以为一张工作表定义多个规划求解问题。

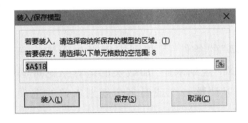

图 2-11 "装入保存模型"对话框

使无约束变量为非负数:如果选中此复选框,则对于在"添加约束"对话框的"约束值"框中没有设置下限的所有可变单元格,假定其下限为 0。由于本书中的所有案例均是实际经济管理系统中的非负变量,因此在本书的案例中,如果在约束对话中没有专门输入变量的非负条件,通常表示已经由建立模型者事先选中了该复选框。

选项:显示"规划求解选项"对话框。在其中可加载或保存规划求解模型,并对求解过程的高级属性进行控制,详情见 2.3.3。

帮助:Excel 通过这些帮助按钮为使用者提供了丰富的帮助信息,因此请初学者有效利用这些提示信息,提高自主解决软件使用方面问题的能力。

求解:命令计算机对定义好各种参数的规划问题进行求解。这是开始规划求解的启动键。

关闭：关闭对话框，不进行规划求解。但保留通过"选项"、"添加"、"更改"或"删除"按钮所做的输入或更改。在下一次打开同一规划问题后，还原已经输入或修改的参数。

2.3.2 选择求解方法

在"规划求解参数"对话框中，可以选择求解方法。点击下拉按钮，选择以下三种算法或求解方法引擎中的任意一种：

"非线性GRG"：GRG即广义简约梯度法，是简约梯度法推广到求解具有非线性约束的优化问题的一种新方法。这种方法是目前求解一般非线性优化问题的最有效的算法之一。建模者应该为光滑非线性问题模型选择GRG非线性引擎。

"单纯线性规划"：单纯线性规划即Simple LP。建模者应该为线性规划问题模型选择单纯线性规划引擎。如果建模者不能确定规划问题是否为线性规划，则建议选择"非线性GRG"求解方法，以防程序报错。

"演化"：演化又叫进化，建模者应该为非光滑规划问题模型选择该引擎。

2.3.3 选项设置

在理论上存在"解"的条件下，规划求解报告无法求解的情况也是常见的。这是规划者和建模者对"规划求解"加载宏的运算结论务必明确的一个认识。因此，在这种情况下，可以调整一个或者多个规划求解的选项，再次进行试算，以期得到运算的改进。

点击"规划求解参数"对话框的"选项"按钮，弹出对话框(图2-12)。

在本对话框中，可以设定规划求解过程的一些高级功能，加载或保存规划求解定义，为线性和非线性规划求解定义参数。每一选项都有默认设置，可以满足大多数情况下的要求。

约束精确度：指定单元格引用和约束公式必须满足的约束条件的满足程度。如果指定较低的精确度，则Excel将可能会以更快的速度解决问题。精确度必须在0与1之间，数值越小，精度要求越高。例如：0.00001比0.001的精度要求要高。

使用自动缩放：如果选中此复选框，当输入和输出值量级差别很大时，可自动按比例缩放数值。例如：以百万美元为单位的投资问题，而目标却是实现利润百分比的最大化。

显示迭代结果：如果选中此复选框，每进行一次迭代后都将中断"规划求解"

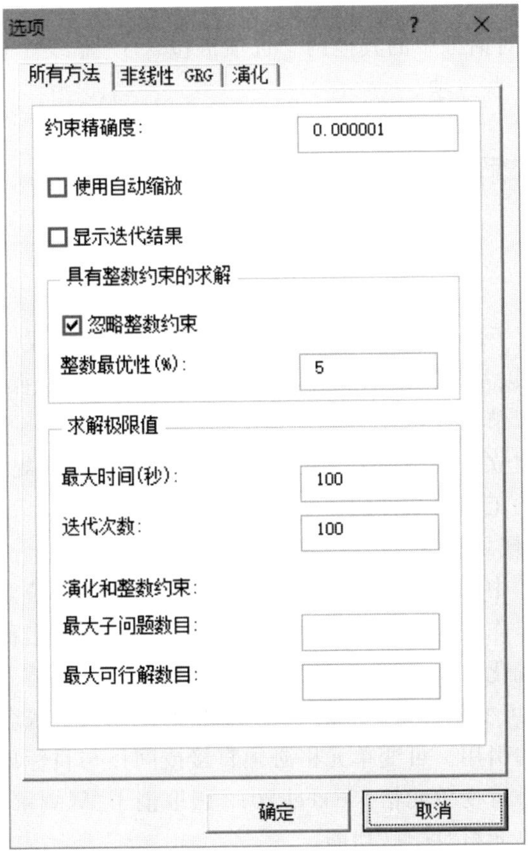

图 2-12　"选项"对话框

过程,并显示当前的迭代结果。继续求解需要操作者人工干预。

忽略整数约束:选中此复选框,"规划求解"将忽略用于指定特定单元格必须是整数的约束条件。因此,使用此选项可以运行"规划求解"发现无法在其他条件下发现的解。

最大时间:在此设定求解过程的时间。可输入的最大值为 32767(秒),默认值 100(秒)可以满足大多数小型规划求解要求。

迭代次数:在此设定求解过程中迭代运算的次数,限制求解过程的时间。可输入的最大值为 32767,默认值 100 次可满足大多数小型规划求解要求。

最大子问题数目:适用于复杂问题,指定"演化"算法可研究的最大子问题数目。

最大可行解数目:适用于复杂问题,指定"演化"算法可研究的最大可行解数目。

另外,"选项"对话框中的其他两个选项卡包含了"非线性 GRG"和"演化"算法所使用的其他一些选项。

2.4 "规划求解"的操作

2.4.1 基本操作

在 Excel 界面下的"规划求解"操作步骤实际上应当分成三大步,即:上机前的准备,上机操作以及计算结果的解读。这里仅仅介绍上机操作的大致流程,其他部分在随后的章节中详细介绍。

首先将已经建立好的书面数学模型,按照 Excel 的输入规定,将相应的逻辑公式输入到打开的工作簿文件的一个电子表格中。

打开"数据│规划求解",出现"规划求解参数"对话框。

在"设置目标"中输入规划模型的目标函数所在的引用位置(单元格引用:用于表示单元格在工作表上所处位置的坐标集)或名称(应用名称参阅 4.2)。

选择目标的优化方向,即确定最大值、最小值还是需要输入的目标值。

在"通过更改可变单元格"中输入每个变量的引用位置或名称。可以用半角逗号分隔不相邻的引用。可变单元格必须直接或间接与目标单元格相联系。最多可以指定 200 个可变单元格。Excel 2013 版取消了"规划求解"基于目标单元格自动设定可变单元格"推测"功能。

鼠标点击"添加"、"更改"或"删除",打开下一级对话框,开始规划模型的约束对话,并在输入完毕后返回"规划求解参数"主对话框。输入方法参见 2.3.1。组合键 Alt+U,是"开始""约束"的快捷方式。

鼠标点击"选项",打开下一级对话框,开始规划模型的选项对话,并在输入完毕后返回"规划求解参数"主对话框。输入方法参见 2.3.1。

如果点击"全部重置"并再次"确认"后,清空所有的对话输入内容。

以上工作完毕,检查无误后,点击"求解",软件进行计算,并根据不同的运算结果给出提示,显示完成消息,如果无法达到最优的规划则显示)最接近的目标求解结果。

如果得出最优解(注意:如果规划问题不是唯一的最优解,软件仅仅给出其中的一个解,但最优值是唯一的),则出现如下"规划求解结果"对话框(图 2-13)。

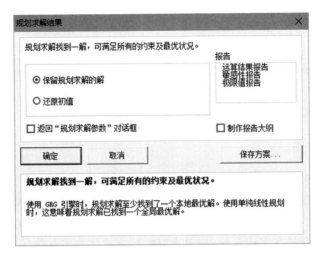

图 2-13　规划求解结果信息显示(存在最优解)

图 2-13 表示规划求解工作得到了至少一个满足当前目标的最优解。如果选择"保留规划求解的解"并点击"确定",则本次规划求解结果展现在当前电子表格上。如果选择"还原初值",则在可变单元格中恢复初始值并返回。如果选择"取消",同样恢复初始值并返回。

2.4.2　生成报告

报告多选窗口,可以让用户按照实际需要创建指定类型的报告,并将规划计算得出之后的每份报告放置于当前工作簿中的独立工作表上,见图 2-14。各个运算结果报告的详细解释,详见 3.3。

图 2-14　工作簿文件中的规划报告

运算结果报告:列出目标单元格和可变单元格及其初始值、最终结果、约束条件以及有关约束条件的信息。

敏感性报告:提供有关求解结果对"规划求解参数"对话框的设置目标框中所指定的公式的微小变化或约束条件的微小变化的敏感程度的信息。含有整数约束条件的模型不能生成该报告。对于非线性模型,该报告提供递减梯度和拉格朗日乘数;对于线性模型,该报告中将包含递减成本、阴影价格、目标式系数(允许的增量和允许的减量)以及约束右侧的区域。Excel 中的"敏感性报告"相对简明扼要,要满足进一步的敏感性分析要求,可以参考本书介绍的另一个加载宏 SolverTable 的应用。

极限值报告:列出目标单元格和可变单元格及其各自的数值、上下限和目标值。含有整数约束条件的模型不能生成该报告。下限是在保持其他可变单元格数值不变并满足约束条件的情况下,某个可变单元格可以取到的最小值。上限是在这种情况下可以取到的最大值。

2.4.3 方案管理

如果需要保存某规划方案,可以点击"规划求解结果"对话框(图 2-13)上的"保存方案"按钮,打开"保存方案"对话框,在其中可保存用于 Microsoft Excel "方案管理器"的单元格数值信息。在"保存方案"对话框中,可在"方案名称"框中键入希望保存的方案的名称,再单击"确定"完成该方案存储。

Microsoft Excel"方案管理器"可以通过"数据│模拟分析│方案管理器"打开。方案管理功能对于规划求解多方案对比具有很方便的作用,可以完成方案的定义、显示、修改、合并等,还可以生成方案的摘要和数据透视表,有兴趣的读者可以进一步参考和学习。

2.5 "规划求解"常见疑难解答

点击"规划求解结果"对话框上的"确定"按钮之后,无论规划模型有无最优解,规划求解软件总会给出一个运算结果。但是需要读者注意的是:只有"规划求解结果"对话框上显示"规划求解找到一解,可满足所有约束及最优状况"的情况下,才算是得出了该规划模型的最优解(之一)。其他显示状态均不是最优解。比如模型没有找到最优解之前终止运算(注意:并不一定都是无解的情况),或者规划模型的解没有收敛。由于没有规划出最优解方案,这些情况下的"规划求解结果"对话框中的报告多选框均为灰色,即无法生成最终规划报告。

2.5.1 "规划求解"中断运行的原因

点击"规划求解参数"主对话框的"求解"按钮后,而软件尚未找到满足要求的结果,即停止了运行,可能由于下列任意一个原因:

※ 由于种种原因,用户按 Esc 中止了求解过程,Microsoft Excel 将按最后找到的可变单元格的数值重新计算工作表。

※ 在单击"求解"之前,选中了"选项"对话框中的"显示迭代结果"选项。然而在没有得到最终结果前,由用户单击了"停止"按钮。

※ 在没有得到最终结果前,达到最长运算时间或最大迭代次数时,软件中断运行。

※ 选中了"选项"对话框中的"采用线性模型"复选框,但问题是非线性的。

※ "设置目标"框中指定的数值不收敛,即趋向无穷大或无穷小。

※ Excel 甄别出来的其他错误,导致运行中断。

2.5.2　"规划求解"未得最优解的原因

下面黑色框中列出"规划求解"未能取得最优解时显示的完整消息。

"规划求解"不能改进当前解。所有约束条件都得到了满足

原因:这表明仅得到近似值,迭代过程无法得到比显示结果更精确的数值;或是无法进一步提高精度,或是精度值设置得太小,请在"选项"对话框中试着设置较大的精度值,然后再运行一次。

求解达到最长运算时间后停止

原因:这表明在达到最长运算时间限制时,没有得到满意的结果。若要保存当前结果并节省下次计算的时间,请单击"保存规划求解"或"保存方案"选项。

求解达到最大迭代次数后停止

原因:这表明在达到最大迭代次数时,没有得到满意的结果。此时会弹出"是否增加迭代次数的提示"。增加迭代次数也许有用,但是应该先检查结果数值来确定问题的原因。若要保存当前值并节省下次计算的时间,请单击"保存规划求解"或"保存方案"选项。

目标单元格中的数值不收敛

原因:这表明即使满足全部约束条件,目标单元格数值也只是有增或有减但不收敛。这可能是在设置问题时忽略了一项或多项约束条件。请检查工作表中的当前值,确定数值发散的原因,并且检查约束条件,然后再次求解。

"规划求解"未找到合适结果

原因:这表明在满足约束条件和精度要求的条件下,"规划求解"无法得到合理的结果,这可能是约束条件不一致所致。请检查约束条件公式或类型选择是否有误。

"规划求解"应用户要求而中止

原因:这表明在暂停求解过程之后,或在单步执行规划求解时,单击了"显示中间结果"对话框中的"停止"。

无法满足设定的"采用线性模型"条件

原因:这表明求解时选中了"采用线性模型"复选框,但是"规划求解"最后计算结果并不满足线性模型。计算结果对工作表中的公式无效。若要验证问题是否为非线性的,请选中"自动按比例缩放"复选框,然后再运行一次。如果又一次出现同样信息,请清除"采用线性模型"复选框,然后再运行一次。

| "规划求解"在目标或约束条件单元格中发现错误值 |

原因:这表明在最近的一次运算中,一个或多个公式的运算结果有误。请找到包含错误值的目标单元格或约束条件单元格,更改其中的公式或内容,以得到合理的运算结果。还有可能是在"添加约束"或"改变约束"对话框中键入了无效的名称或公式,或者在"约束"框中直接键入了"integer"或"binary"。若要将数值约束为整数,请在比较运算符列表中单击"int"。若要将数值约束为二进制数,请单击"bin"。

| 规划求解已收敛到当前结果。满足所有约束条件 |

原因:这表明目标单元格中的数值在最近五次求解过程中的变化量小于"规划求解选项"对话框中"收敛度"设置的值。"收敛度"中设置的值越小,"规划求解"在计算时就会越精细,但求解过程将花费更多的时间。在同样的"规划求解"得到的结果与以前的结果不同时,应当考虑是否收敛度的设置出现问题。

| 内存不足以求解问题 |

原因:Microsoft Excel 无法获得"规划求解"所需的内存。请关闭一些文件或应用程序,再试运行规划求解软件。

| 其他的 Microsoft Excel 实例正在使用 Solver.dll |

原因:这表明有多个 Microsoft Excel 会话正在运行,其中一个会话正在使用文件 Solver.dll。Solver.dll 同时只能供一个会话使用。

2.5.3 其他注意事项

"规划求解"如果给出上述"报错信息",多数情况下往往是规划者所建立模型本身存在的问题,或者是模型在输入电子表格文件中的"人为失误"。另外,值得重视的是,还有一种"规划求解"无法给出提示的错误信息。比如把求最大值的目标单元格误输入为"最小值","规划求解"照样可以顺利运算并给出所谓的"最优值"。再比如遗漏了某项约束条件,造成了规划问题最优值的计算偏差。这种隐性错误的迷惑性更大。因此,无论在求解过程中是否出现错误提示,都应当认真检查并确认整个规划模型的逻辑性和准确性。

需要让"规划求解"运行更长的时间以求得更精确的结果,可以调整"规划求解选项"对话框中的"最长运算时间"或"迭代次数"的设置。对于具有整数约束条件的问题,应该减小"规划求解选项"对话框中的"允许误差"的设置,使"规划求解"找到更好的整数解。对于非线性问题,应该减小"规划求解选项"对话框中的"收敛度"的设置,使目标单元格数值变化缓慢时,"规划求解"仍可以运行,最终找到较好的结果。

当可变单元格的典型数值与约束单元格或目标单元格中的数值相差几个数量级时,建议选中"规划求解选项"对话框中的"自动按比例缩放"复选框。对于非线性问题,在单击"规划求解参数"对话框中的"求解"之前,请确认可变单元格的初始数值与期望的最终数值的数量级相同。

对于非线性问题,在可变单元格中尝试不同的初始值可能会有帮助,特别是在"规划求解"结果与期望的数值差别很大时。预先将可变单元格的数值设置为预期的近优值,可以减少求解时间。对于线性模型(也就是当"规划求解选项"对话框的"采用线性模型"复选框被选中时),改变可变单元格的初始值不会影响最终数值或求解时间。

当"规划求解"停止运行时,必须认真阅读在"规划求解结果"对话框中显示出的信息。对于运行完毕的规划结果,不要盲目地单击"确定",在确认结果合理或者可行后,再进一步保存或提交计算机生成的"报告"。另外,在同一电子表格中多次进行规划求解,计算机生成的报告(每次均在模型所在工作簿文件上单独打开电子表格文件)并不能覆盖以前的内容而是顺号命名,容易造成工作簿文件的报告表格过多,使得运算结果不容易阅读。

"规划求解结果"对话框中的"还原初值"功能,仅仅是对当前运算值的放弃,并没有改动规划模型的结构。注意:这个功能与"规划求解参数"主对话框的"全部重置"截然不同。对于不满意或报错的规划求解问题,可大胆使用该功能,返回后进行必要的调试和更改,再次运行,直至得到规划的最优值。

对于任何一次运行过的"规划求解",Excel 的"撤销"功能或者按钮 ↶ 都失去作用。因此,在运算前,一定要仔细检查模型,以免造成无法恢复的麻烦。

Excel 规划求解提供了全过程的在线帮助功能,使用者在建立模型和规划运算期间,可以随时点击相应步骤窗口上的"帮助"按钮,得到进一步的帮助信息。

练习与巩固

1. Excel 中宏的定义和作用是什么?使用宏的场合有哪些?

2. 在 Excel 环境下,请尝试加载"规划求解"宏的几种方式。"规划求解参数"对话框中各项参数的含义是什么?"选项"设置的含义又是什么?"规划求解"包括哪些操作步骤？每个步骤的注意事项是什么？

3. 对于 Excel 环境下加载宏,安装与加载的区别是什么？卸载与删除的区别又是什么？

4. Excel 对加载宏的安全性有哪些不同的要求？使用 Excel 工具栏中对"宏"的安全性的选项调整,并通过打开一个带有宏命令的电子表格文件,观察不同安全级下的提示和操作。

第3章 "规划求解"的初步训练

案例 1：力浦公司的市场利润最大化问题

力浦公司是一家生产外墙涂料的建材企业。目前生产甲、乙两种规格的产品，这两种产品在市场上的单位纯利润分别是 4 万元和 5 万元。甲、乙产品均需要同时消耗 A、B、C 三种化工材料。生产 1 个单位的甲产品需要消耗材料的情况是：1 单位的 A 材料、2 单位的 B 材料和 1 单位的 C 材料。而生产 1 个单位的乙产品需要 1 单位的 A 材料、1 单位的 B 材料和 3 单位的 C 材料。当前市场上的甲、乙产品供不应求，但是在每个生产周期（假设一年）内，公司的 A、B、C 三种原材料资源的储备分别是 45 单位、80 单位和 90 单位，年终剩余的资源必须无偿调回，而且近期也没有能筹集到额外资源的渠道。面对这种局面，力浦公司如何安排生产计划，以获得最大的市场利润？

3.1 线性规划问题的基本概念

这个案例是一个典型的线性规划求解问题。现在让我们一起帮助力浦公司的决策者，利用电子表格工具寻找这个问题的答案。如果把案例中的语言叙述进一步提炼，问题涉及的信息可以由表 3-1 表示。

表 3-1 力浦公司生产和销售情况

	甲	乙	储备量
资源 A	1	1	45
资源 B	2	1	80
资源 C	1	3	90
单位纯利润/万元	4	5	—

3.1.1 线性规划的数学模型

对于力浦公司而言，这是一个无须考虑前后影响的单阶段规划问题，而且是以实现市场超额利润的最大化为目标的。在这个明确而单一的目标下,力浦公司可以自主决定甲、乙两种产品的产量;而短期内的产品市场利润率、生产对资源的需求比例以及各种资源的储备上限,都是公司所不能自由支配的。因此,公司的决策重点是生产甲、乙两种产品的产量组合。这个产量组合受到三种资源上限的约束。显然,现实产量必须是非负值。

　　一个常规的规划模型至少要包括"目标函数"、"决策变量"和"约束条件(组)"三部分内容。这三部分内容,由变量和常数形成的方程或者不等式来表达各种数学或者逻辑关系。模型中除了变量以外,各种常数便是模型参数(或者系数)。在大多数运筹学教材中,目标函数中的决策变量前的系数称为"价值系数"(表示为 c_j)。约束条件不等式右端常数往往表示该约束的临界值,习惯上称为常数项或资源系数(表示为 b_i)。约束条件不等式左端决策变量前的诸系数可以写成一个矩阵,往往表达了约束条件之间的联立影响,称为"结构系数"(表示为 a_{ij})或"结构矩阵"(表示为 A)。

　　一般化的线性规划模型是:

变量 $:x_1,x_2,\cdots,x_n$

目标 $:\max(或者\min)Z(x_1,x_2,\cdots,x_n)=c_1x_1+c_2x_2+\cdots+c_nx_n$

约束:
$$\begin{cases} a_{11}x_1+a_{12}x_2+\cdots+a_{1n}x_n\leqslant(=,\geqslant)b_1 \\ a_{21}x_1+a_{22}x_2+\cdots+a_{2n}x_n\leqslant(=,\geqslant)b_2 \\ \cdots\cdots\cdots\cdots \\ a_{m1}x_1+a_{m2}x_2+\cdots+a_{mn}x_n\leqslant(=,\geqslant)b_m \\ x_1,x_2,\cdots,x_n\geqslant0 \end{cases}$$

由此,建立以下数学模型 $M1$:

变量 :甲的产量 x_1,乙的产量 x_2

目标 $:\max Z(x_1,x_2)=4x_1+5x_2$

约束:
$$\begin{cases} x_1+x_2\leqslant45 \\ 2x_1+x_2\leqslant80 \\ x_1+3x_2\leqslant90 \\ x_1,x_2\geqslant0 \end{cases}$$

3.1.2　线性规划的解

　　求解线性规划时,会涉及可行解、最优解、基本解等概念。

　　可行解:满足所有约束的解,称为线性规划问题的可行解。所有的可行解构成的集合称为可行域。

最优解：不但满足所有约束，同时使目标达到最优的解，称为最优解。显然，最优解一定是可行解。

基本解：这是一个线性规划求解的专用术语，是线性规划基矩阵衍生出的概念。通俗的解释是，将标准化以后的模型在 $m \leqslant n$ 的情况下，规划模型约束条件方程组结构系数矩阵保留下 m 列不相关的向量，这些列向量对应的变量为基变量，其余的 $(n-m)$ 列向量对应的变量为非基变量。如果给非基变量赋值为 0，这样形成一个 m 元一次方程组，能解出各个基变量的值。这样，就确定了该模型的一个"基本解"。由于理论上最多可以从结构系数矩阵的 n 列中"组合"出 C_n^m 种可能，所以一个线性规划的基本解的个数最多可以是 C_n^m 个。由于在计算基本解时，并没有考虑到决策变量的非负条件，因此基本解并不一定是可行解。

基本可行解：满足决策变量非负约束条件的基本解，称为基本可行解。可以证明，基本解在线性空间中，是与可行域的极点对应的，但是并不一定是一一对应的关系。如果有两个或者两个以上的基本可行解对应同一个极点，这是线性规划的退化现象。

清晰理解线性规划问题的各种"解"的概念，是掌握线性规划问题尤其是单纯形法的关键所在。建议读者认真参考相关的运筹学基础教程，牢固掌握这部分重要的内容。请读者分析以下文氏图，体会各种解之间的区别和联系，并说出图 3-1 中最优解集合位置的原因以及两块不同深浅的阴影部分的含义。提示：考虑多重最优解的情况。

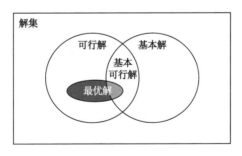

图 3-1　规划问题中各种解集的文氏图

3.1.3　单纯形法的流程

线性代数基本解的概念是单纯形法的理论基础，运算过程在单纯形表上完成。单纯形法本书不再单独介绍，以最大值问题为例的操作流程如图 3-2 所示。

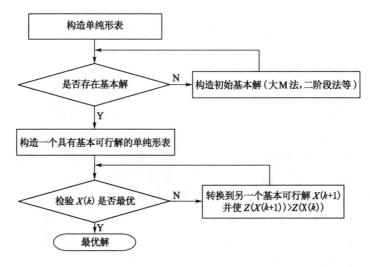

图 3-2　单纯形法的求解流程图（最大值问题）

3.2　在电子表格上建立规划模型的步骤

3.2.1　基本逻辑表达式的输入

打开 Excel 的一个空白工作簿文件，在电子表格中构建上述模型（所有规划模型）。首先在电子表格上划出目标单元、变量单元和约束单元三个区域，见图 3-3。为了帮助读者方便阅读和清晰理解作者的建模思路，本书提供的电子文档中分别把目标单元格、决策变量单元格、约束条件单元格底纹颜色设置成了蓝

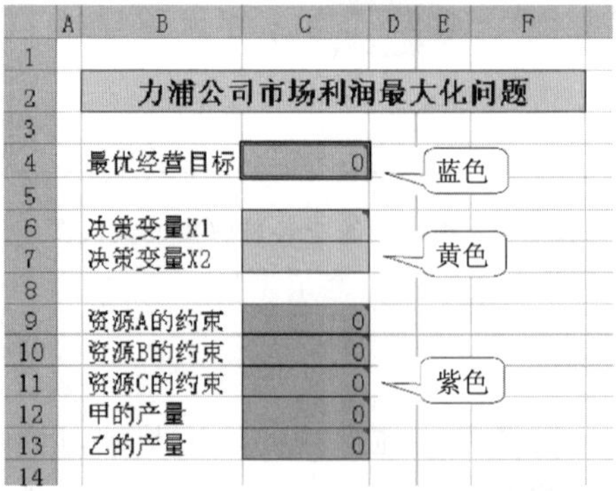

图 3-3　本书电子表格模型的表达风格（颜色和位置）

色、黄色和紫色,并将已知条件等重要信息所在的单元格设置成灰色。通常在这些单元格的"紧左"单元格内,输入相应的实际名称。"规划求解"在显示运行结果时,自行将这些单元格与"紧左"单元格建立关联。

变量单元格只需指定,无须输入,且默认初始值是"0"。分别在目标单元格"C4"和约束单元格"C9:C13"中依次输入由变量单元格"C6"和"C7"表达的公式。以目标单元格 C4 为例,在编辑栏中直接输入,见图 3-4。

图 3-4 在编辑栏输入公式

在编辑栏输入时,应当注意以"="开头,否则软件识别为字符串。输入完毕后,回车确认或者点击 ✔ 按钮。点击 ✘ 按钮取消编辑输入内容。注意变量单元格的引用位置是"C6"和"C7",一些初学者往往会因习惯,错误地输入"X1"和"X2"。此时,Excel 无法识别未定义的"X1"和"X2",而是当成字符串或者第 X 列的第一行和第二行的单元格处理。编辑栏是位于 Excel 窗口顶部的条形区域,用于输入或编辑单元格或图表中的值或公式。编辑栏中显示了存储于活动单元格中的常量值或公式。

建议在基本逻辑表达式编辑输入步骤完毕后,便可以存盘一次,并生成一个扩展名为"xlsx"的文件。本例电子文档即存储于命名为"3-1.xlsx"的文件中。该阶段输入过程完成后的输入内容见图 3-5。由于两个变量单元格"C6"和"C7"的值是 0,因此在输入目标和约束公式完毕后,这些单元格自动计算,当前结果为 0。

	A	B	C
1			
2		力浦公司市场利润最大化问题	
3			
4		最优经营目标	=4*C6+5*C7
5			
6		决策变量X1	
7		决策变量X2	
8			
9		资源A的约束	=C6+C7
10		资源B的约束	=2*C6+C7
11		资源C的约束	=C6+3*C7
12		甲的产量	=C6
13		乙的产量	=C7

图 3-5 输入完成后的电子表格中的公式

(可用 Ctrl+~组合键展开)

3.2.2 规划求解参数的输入

以上步骤仅仅是将数学模型中的函数表达式"翻译"到电子表格中,还有各种不等或相等关系、目标方向、变量非负等主要信息还没有"告诉"计算机。这部分工作需要与"规划求解"加载宏进行参数输入对话过程。

在当前模型所在的工作表下,点击"数据丨规划求解",在"规划求解参数"对话框中输入相应内容。"设置目标"处可以直接输入"＄C＄4"或"C4"。也可以直接利用鼠标点击电子表格上的"C4"单元格,或者由键盘的方向键移动到这个位置并点击,由"规划求解"自行识别并确认目标单元格引用位置。注意:这个操作是告知"规划求解"引用位置,不要在此输入公式。

利用单选按钮选择目标函数的最优方向(最大、最小或者输入定值)。

"通过更改可变单元格"处可以直接输入"＄C＄6,＄C＄7"(注意:此处的分割逗号是英文半角符号,不是中文全角逗号)。也可以直接利用鼠标点击电子表格上的单元格,或者由键盘的方向键移动到这些位置,由"规划求解"自行识别并确认目标单元格引用位置。多个引用位置之间,输入英文半角符号","分开。如果可变单元格是一个矩形区域,则可以用 Excel 的区域表示方式,即"区域的左上角单元格引用位置:区域的右下角单元格引用位置"。

约束的添加、删除和修改类似。以资源 A 的约束对话输入为例:点击"添加",打开如图 3-6 所示的添加约束对话框。首先,在"单元格引用"位置直接输入"＄C＄9"或"C9"。注意:这个操作是告知"规划求解"引用位置,不要再次输入已经编辑好的公式。其次,在"＜="、"="、"＞="、"int"、"bin"和"dif"中选择该约束条件的关系"＜="。最后,在"约束值"位置输入"45"。如果约束值在电子表格上单独存在,这个对话位置也可以输入该约束值所在的单元格引用位置。

图 3-6 资源 A 约束条件的对话框

上述步骤中,凡是出现⬚拖曳按钮的地方,均可以灵活使用鼠标拖曳功能。操作完成后的对话框见图 3-7。这个步骤完毕后,如果不打算立即运算,可以点击"规划求解参数"对话框中的"关闭"按钮,则输入操作仅被保存但不进行规划计算。系统默认的选项参数在大多数情况下可以满足求解功能。本例未进行"选项"里面的参数设置,直接采取的默认值。注意:本例选择求解方法为单纯线性规划。点击"求解","规划求解"则进入运算阶段。

图 3-7 案例 1 的规划求解参数

3.2.3 得到求解结果

在整个模型的参数正确和完整的编辑输入完毕后,可点击"求解"按钮(图 3-7 中),"规划求解"将最终运算结果显示在当前工作表上,见图 3-8。力浦公司在最大限度利用现有资源的前提下,可以获得最大的市场利润是 202.5 万元(最优值),甲、乙两种产品均要生产 22.5 个单位(最优解,即最佳生产方案),三种资源的使用情况分别是:资源 A 使用了 45 单位,消耗已尽;资源 B 使用了 67.5 单位,仍旧剩余 12.5 个单位(80-67.5=12.5);资源 C 使用了 90 单位,消耗已尽。

参考电子文档 3-1. xlsx。进一步的结果,可点击选择右面的"报告"下面的选项,可以生成相应的报告。

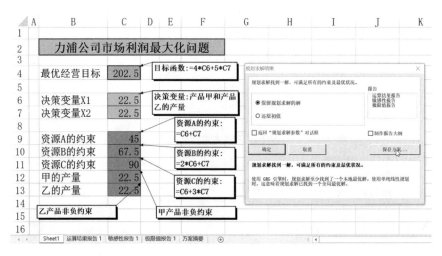

图 3-8 案例 1 的规划求解运算结果

3.3 规划模型运算结果的详细解释

"规划求解"为用户提供三个待选的模型规划运算结果报告,分别是"运算结果报告"、"敏感性报告"和"极限值报告"。用户可以根据实际需要加以选择生成。每个报告的开始部分,均提供了软件版本、规划模型所在的工作簿和工作簿的位置、报告生成的时间等简明信息。运算结果报告还在起始位置给出了规划求解的引擎和参数等信息。

3.3.1 运算结果报告

运算结果报告分为三个部分,分别对目标单元格、可变单元格以及有关约束条件,给出相关运算结果信息。案例 1 的运算结果报告参见图 3-9。

① 给出"目标单元格"的以下信息:

括号后是软件识别的目标函数的规划方向(最大值、最小值或者确定的目标值三者之一)。

单元格:目标单元格引用位置。本例的目标单元格引自"第 C 列第 4 行"。

名称:如果目标单元格被命名,则显示命名内容;如果没有命名,则显示"紧左"单元格中的文本信息;如果既没有命名,"紧左"单元格也没有文本信息,则空白。

初值和终值:初值和终值分别指单元格在本次求解前的数值和求解后的数

	A	B	C	D	E	F	G	H
1	Microsoft Excel 15.0 运算结果报告							
2	工作表: [3-1. xls]Sheet1							
3	报告的建立: 2019/2/12/星期二 16:44:28							
4	结果: 规划求解找到一解, 可满足所有的约束及最优状况。							
5	规划求解引擎							
6	引擎: 单纯线性规划							
7	求解时间: .016 秒							
8	迭代次数: 2 子问题: 0							
9	规划求解选项							
10	最大时间 100 秒, 迭代 100, Precision 0.000001							
11	最大子问题数目 无限制, 最大整数解数目 无限制, 整数允许误差 5%,							
12								
13								
14	目标单元格 (最大值)							
15	单元格	名称		初值	终值			
16	$C$4	最优经营目标		0	202.5			
17								
18								
19	可变单元格							
20	单元格	名称		初值	终值	整数		
21	$C$6	决策变量X1		0	22.5 约束			
22	$C$7	决策变量X2		0	22.5 约束			
23								
24								
25	约束							
26	单元格	名称		单元格值	公式	状态	型数值	
27	$C$10	资源B的约束		67.5	$C$10<=80	未到限制值	12.5	
28	$C$11	资源C的约束		90	$C$11<=90	到达限制值	0	
29	$C$9	资源A的约束		45	$C$9<=45	到达限制值	0	
30	$C$6	决策变量X1		22.5	$C$6>=0	未到限制值	22.5	
31	$C$7	决策变量X2		22.5	$C$7>=0	未到限制值	22.5	
32								
33								

Sheet1 | 运算结果报告 1 | 敏感性报告 1 | 极限值报告 1 | 方案摘要

图 3-9 案例 1 的运算结果报告

值。默认的初值是 0。初值也可以是任意值,但为了保证更复杂的模型最快找到结果,可以尽可能将初值设置在靠近理论最优的数值上。显然本例是从零值开始优化运算的。

② 给出"可变单元格"的信息(含义同目标单元格,略)。

③ 给出"约束"的以下信息:

单元格和名称:含义同目标单元格,略。

单元格值:运算的最终结果值,表示当前各约束条件的真实值。

公式:引用"规划求解参数"的"遵守约束"输入状况。

状态:给出是否达到约束临界的信息。比如资源 B 的约束"未到限制值"

80,而资源 A 和 C 均"到达限制值"。

型数值:是对应约束条件的松弛(Slack)量。比如资源 B 的约束距离限制值 80,尚有 12.5 的松弛量,而资源 A 和 C 已经没有任何松弛空间。

3.3.2 敏感性报告

敏感性报告分为两个部分,分别针对"某一个"决策变量(可变单元格)或约束单元格的临界值,其微小变化而不影响最优解结构(注意:可能会影响最优解的具体值,并进一步影响最优值)的敏感程度的信息。含有整数约束条件的模型不能生成该报告。对于力浦公司的线性规划模型(要在"选择规划求解方法"中选取"单纯线性规划"),该报告中将包含递减成本、阴影价格、目标式系数(允许的增量和允许的减量)以及约束右侧的区域。对于非线性模型,该报告则提供递减梯度和拉格朗日乘数。

案例 1 的敏感性报告参见图 3-10。从这个报告中,可以解读出很多重要的信息。比如,决策变量 x_1 当前目标函数中的系数是 4,由报告可知,x_1 的系数(单位成本)在增加 1 和减少 2.3 的区间(1.7,5)内变化,不会影响最优解的结构。再比如,对资源 A 的约束条件临界值 45,在增加 5 和减少 15 的区间(30,50)内变化,不会影响最优解的结构。需要明确的是:敏感性分析是运筹学的重要研究内容,希望进一步了解敏感性分析的读者,建议参考相关教材。本书在5.3 中讲述了基于电子表格模型的敏感性分析工作。

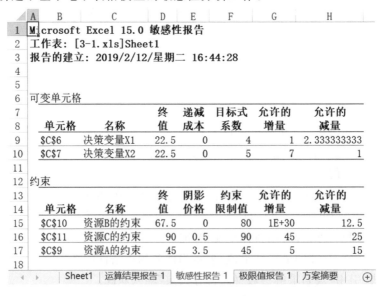

图 3-10 案例 1 的敏感性报告

3.3.3 极限值报告

极限值报告列出目标单元格和可变单元格及其各自的数值、上下限和目标值。含有整数约束条件的模型不能生成该报告。由本例极限值报告可知,力浦公司在取得最优解$(x_1, x_2) = (22.5, 22.5)$的生产格局下,保持其他可变单元格数值(本例只有两个变量,显然指x_2)不变并满足约束条件的情况下,变量x_1取下限 0 时,目标值为 112.5,取上限 22.5 时,目标值为 202.5。对变量x_2的极限值分析同理。注意:图 3-11 中的 D8 单元格值为 202.5,但系统自动显示为 203。

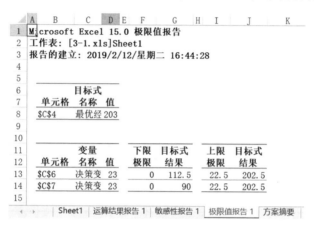

图 3-11 案例 1 的极限值报告

练习与巩固

1. 请利用集合的概念(图 3-1),辨析线性规划的可行解、最优解和基本解的区别和联系。

2. 结合流程图(图 3-2),阐述线性规划的单纯形算法的原理和步骤。

3. 复习第 1 章建立数学模型的步骤,叙述在电子表格上建立规划模型的具体操作。

4. "规划模型"提供的"运算结果报告"、"敏感性报告"和"极限值报告"有哪些组成部分? 含义是什么?

5. 独立完成本章案例 1 的全部规划建模过程,熟悉"规划求解"操作中需要注意的细节问题。

第4章 "规划求解"的提高训练

案例2:瑞福公司的投资决策问题

瑞福公司是一家小型的风险投资公司,现在有8百万元的资金可以投资。目前的投资方向有三个相互独立的项目可供选择,不同的项目投资额度与收益见表4-1。三个项目按照投资额度兑现收益,而且每个项目均能集资成功。公司的惯例是投资最小增加额度以百万元计算。瑞福公司如何分配这些资金,以最佳的投资组合取得最大的投资收益?

表4-1　　　　　　　　　　　瑞福公司的投资收益详表

项目收益 /万元　　　投资额度 /百万元	0	1	2	3	4	5	6	7	8
甲项目	0	5	15	40	80	90	95	98	100
乙项目	0	5	15	40	60	70	73	74	75
丙项目	0	4	26	40	45	50	51	52	53

4.1 "规划求解"的建模准备

如果把瑞福公司的投资决策按照不同的项目分成三个阶段,那么这个案例是典型的动态规划问题。有兴趣的读者可以利用动态规划方法进行解决。本章则利用电子表格工具,从一般化的建模求解的角度,借助第1章图1-5的指导思路来解决这个规划问题。

(1)准备工作

上述问题显然已经经过了数学提炼,而且各种数学关系基本上可以由

注:为了 Excel 中数据输入和运算的简捷,将相关单位设置为"百万元"。
　　书中叙述时,为了与相关 Excel 图中表达方式一致,方便读者理解和学习也采用"百万元"的单位表述方式。后文出现的单位"千元""百元"也是这个原因。

表 4-1 定量表示。

（2）决策变量

瑞福公司目前需要做出两组决策："究竟在哪个项目上注资"和"一旦确定在该项目上注资，则具体的额度将是多少"。规划者面对这两组需要先后做出的决策，似乎无从下手。但是如果按照"公司的惯例是投资最小增加额度以百万元计算"这个提示，不妨将公司投资方案进行离散化处理，设计以下逻辑变量解决这个投资决策问题，见表 4-2。

表 4-2   **瑞福公司的投资方案变量表**

投资额度/百万元	0	1	2	3	4	5	6	7	8
甲项目	x_{11}	x_{12}	x_{13}	x_{14}	x_{15}	x_{16}	x_{17}	x_{18}	x_{19}
乙项目	x_{21}	x_{22}	x_{23}	x_{24}	x_{25}	x_{26}	x_{27}	x_{28}	x_{29}
丙项目	x_{31}	x_{32}	x_{33}	x_{34}	x_{35}	x_{36}	x_{37}	x_{38}	x_{39}

如果将上述 27 个变量定义为 0-1 逻辑变量，则可以表达全部的决策信息。例如对 x_{24} 而言：如果 x_{24} 等于 1，则表示公司在乙项目上投资 3 百万元。这同时也意味着在该项目的其他额度上不再进行投资，即：x_{24} 所在的第 2 行的其他逻辑变量均为 0；如果 x_{24} 等于 0，则表示在这个项目的该额度上没有投资，但并不表示在该项目其他额度上就一定没有投资，即：x_{24} 所在的第 2 行的其他逻辑变量中最多允许 1 个为 1。

（3）目标函数

公司的目标很明确，就是如何将这 8 百万元的投资，尽可能高效地投入到一个最佳的投资组合中去，以取得最高的回报。显然，公司最终的投资回报应当是投资收益详表（表 4-1）和投资方案变量表（表 4-2）中相应的单元格相乘以后的汇总。我们可以利用 Excel 中的"SUMPRODUCT（）"函数轻松做到。

SUMPRODUCT（）函数在给定的几组数组中，将数组间对应的元素相乘，并返回乘积之和。语法是 SUMPRODUCT（array1，array2，array3，...），其中 array1，array2，array3，...为 2 到 30 个数组，其相应元素需要进行相乘并求和。数组参数必须具有相同的维数，否则，函数 SUMPRODUCT（）将返回错误值 ♯ VALUE！该函数将非数值型的数组元素作为 0 处理。SUMPRODUCT（）函数在经济管理方面的建模工作中经常涉及，请读者加以熟悉并掌握。需要注意的是，SUMPRODUCT（）函数实现的功能不是矩阵乘法，而是同型矩阵相应元素乘积的累加，是加权汇总或者多条件乘积求和的过程。Excel 中的矩阵乘法是 MMULT（）函数，语法是 MMULT（array1，array2），其中 array1，array2 是要进行矩阵乘法运算的两个数组。该函数返回两数组的矩阵乘积。结果矩阵的行数与 array1 的行数相同,结果矩阵的列数与 array2 的列数相同。array1 的列数必须与 array2 的行数相同,否则报错。

(4) 约束条件

约束 1:对达到目标的一个最直接的约束就是该公司在这三个项目上的总投资不能超过目前公司可用资金的上限 8 百万元。

约束 2:进一步分析,按照一个项目只能同时存在一个注资额度的常识,表 4-2 中每个项目所在的行上的所有变量中,只能最多有一个变量为"1"。这种逻辑约束可以用以下数学方式表达:

$$\sum_{j=1}^{9} x_{ij} \leqslant 1 \quad (i = 1, 2, 3)$$

Excel 中的 SUM() 函数,经常会出现在求和的场合。请读者思考,上述逻辑关系的数学表达式中,为什么是"$\leqslant$"而不是"$=$"? 如果是"$=$",将会导致什么逻辑错误?

SUM() 函数返回某一单元格区域中所有数字之和。语法是 SUM (number1, number2, ...),其中 number1, number2, ... 为需要求和的参数。直接键入到参数表中的数字、逻辑值及数字的文本表达式将被计算,如果参数为数组或引用,只有其中的数字将被累积计算。数组或引用中的空白单元格、逻辑值、文本或错误值将被忽略。如果参数为错误值或为不能转换成数字的文本,将会导致错误。

约束 3:对应前面对决策变量的定义,这 27 个变量均是非"0"即"1"的逻辑变量。可以利用"规划求解"中的"bin"变量进行定义。

4.2 建立"规划求解"的电子表格模型

4.2.1 做出电子表格的草图

没有计划的工作会带来最糟糕的开始。因此,与其匆匆忙忙打开 Excel 的电子表格,盲目地在上面输入各种公式和数值,不如花些时间做一张草拟的"电子"表格。正如写文章之前草拟的提纲,这张草图对即将开始的实际电子表格建模工作帮助很大。对于大多数的规划问题,应当并且能够在草图中绘制出已知条件所在的单元格、目标单元格、变量单元格和约束条件单元格在电子表格上的大致位置。此时不应被公式或者数字所拘束住,因为一个布局良好的模型所带来的便利要远远大于个别细节的处理。

※ 首先应当按照问题数学模型的大致思路(或者描述顺序),把实际问题的各种已知条件输入到电子表格中。这部分工作看似简单,却是电子表格建模成功的前提。这部分内容往往安排在电子表格的左上部分。

※ 紧接着应当准确布置变量单元格的位置。规划模型的决策变量往往比较多,这种情况下需要建模者结合实际问题,科学安排变量单元格的结构。是以行排列,是以列排列,还是以矩阵形式排列?是否有间接变量?一旦有间接变量,是否可以通过直接变量的组合来精简实现?是否存在可以进一步细分的变量?

※ 在正确定义变量(可变单元格)之后,接下来就可以输入目标单元格的公式了。目标单元格通常情况下只有一个,不妨安排在醒目的位置。为了符合报告性文件的习惯,可以安排在电子表格的开头或者最后。一般情况下,尽量避免在电子表格的中间位置布置目标单元格。

※ 约束条件单元格位置的随意性最大。不同的问题,具体约束的形成方式和位置差别较大,但是应当尽可能地集中在一个或几个区域表示。

※ 另外,必要的标题提示以及注释,可以使电子表格模型逻辑清晰和易于理解。

※ 一些电子表格模型中,还会设计一些可调参数单元格,起到将"程序与数据分离"的功能。在具有可移植性的模型中,常常出现可调参数。众所周知,数据与程序分离是编程的一个良好习惯,更是一个基本原则。在建立规划电子表格模型的工作中,设计"可调参数"则是实现数据与模型分离的一个有效手段。本书中的部分案例中采用了可调参数,请读者认真体会这种技巧的作用。

图 4-1 是建模者草稿纸上的一个草图。建议读者参考这个建模风格,并结合自己的创造和智慧,建立出清晰、实用和可移植性强的规划模型。

图 4-1　某电子表格模型的结构

4.2.2　建立电子表格

一旦草图工作完成,则可以打开 Excel 工作表,在电子表格上开展建模工作。这项工作的操作与编写程序非常类似。图 4-2 是建立完成后的瑞福公司投资规划的电子表格模型,参考"4-1. xlsx"的"Sheet1"。各种逻辑关系和数学公式的详细情况可以在表格上相应的"注释"中提示。

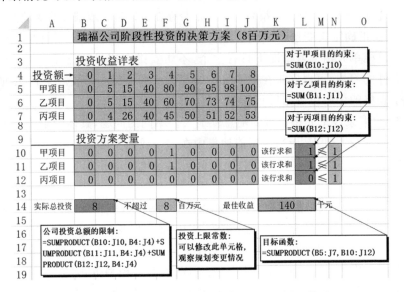

图 4-2　案例 2 的电子表格模型(额度为 8 百万元情况)

编辑输入完成后,开展"规划求解参数"对话,见图 4-3。

经过运算后,得到瑞福公司的投资方案和最优值见图 4-4。变量单元格区域中的"1",显然代表了该公司的投资行为,"0"表示没有投资行为。

瑞福公司在拥有 8 百万元的可用资金的情况下,应当在甲项目上投资 4 百万元,在乙项目上投资 4 百万元,并取得最大的投资回报 140 千元,见图 4-4。

现在假设瑞福公司的资金筹集工作出现困难,只有 7 百万元的资金可供投资,那么公司该如何调整投资方案?

由于建模过程中将约束"＄B＄14"的上限设置为"＄F＄14",而不是常数"8",因此可以直接在电子表格的"F14"单元格上修改为"7",而避免了打开"规划求解参数"去修改约束条件。"F14"单元格就是本例中的"可调参数"。请参考电子文档"4-1. xlsx"的"Sheet2"。运算结果见图 4-5(局部),得到投资 7 百万元的公司最佳投资方案:甲项目上投资 4 百万元和乙项目上投资 3 百万元,并取得最大的投资回报 120 千元。请读者思考:瑞福公司为了实现投资 8 百万元的既定计划,对于 1 百万元的资金缺口,以多大的代价去融资 1 百万元是值得的?

图 4-3 案例 2 的规划求解参数(额度为 8 百万元情况)

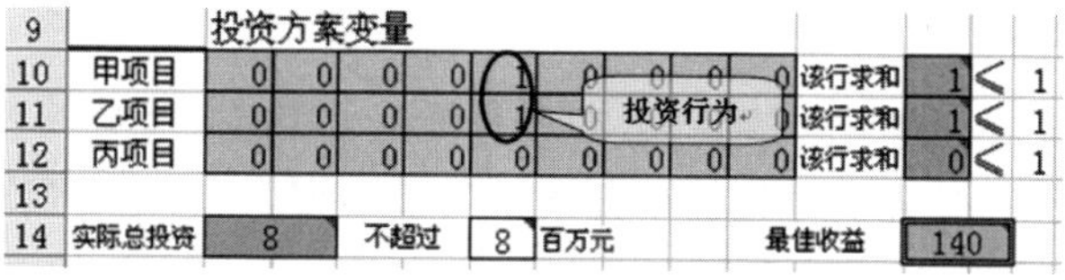

图 4-4 额度为 8 百万元时的投资方案解读

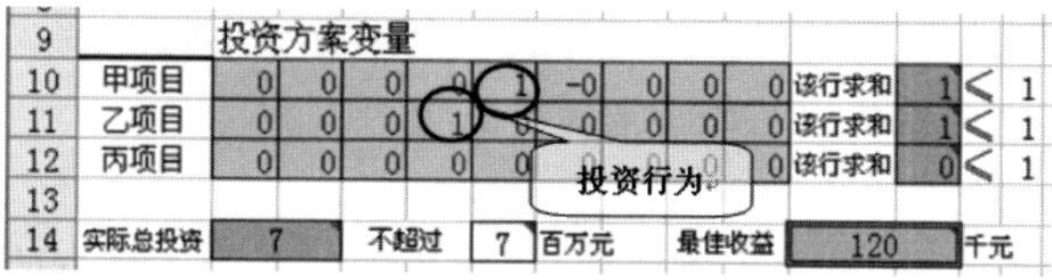

图 4-5 额度为 7 百万元时的投资方案解读

同样的道理,利用这个模型,可以把其他资金限额的最优方案一一求出。

4.3 电子表格模型的完善和调试

4.3.1 电子表格模型的完善

(1) 循序渐进地开展建模工作

任何复杂的模型都是一步一步完成的。首先,如果模型比较复杂,也可以使用模块实现的思路,从简单的基础或者局部做起。其次,科学使用递推和迭代关系,这样可以使复杂的问题用简单的程序实现。熟练地使用递推或迭带的技巧,不但是学习运筹学理论的重点和难点,而且是电子建模的关键能力之一。再次,约束条件的输入应当从简到繁,从少变量到多变量。总之,建模者应当从全局的视角,科学地安排各种约束的先后顺序,做到胸有成竹,合理布局。另外,可以合理使用软件提供的"复制"和"粘贴"功能,来简化建模工作,尤其在重复输入公式时,不但可以提高效率,还可以减少出错的可能性。

(2) 熟练掌握 Excel 的各种函数和输入输出技巧

一些原本麻烦的问题,借助 Excel 的大量内建函数就可轻松实现。比如案例 2 中使用了 SUM() 和 SUMPROCUCT() 函数。求和函数 SUM() 读者应当不陌生,用这个函数可以"返回某一单元格区域中所有数字之和"。函数 SUMPROCUCT() 输出了"在给定的相同结构数组中,将数组间对应的元素相乘,并返回这些乘积之和",本例中实际上是借助这个函数实现了加权求和的目的。

(3) 合理使用二维的矩阵格式,充分利用 Excel 的表格特性

初学者往往习惯建立一维的单元格来构造模型,尤其是变量单元格。然而,二维的矩阵格式能承载更多的信息,这也是 Excel 以及其他类似软件,例如 SPSS、MATLAB 等的优点之一。例如案例 2 中的 27 个变量,设计成一个 3 行 9 列的矩阵,不但清晰体现了投资行为的布局,还为进一步的逻辑公式的书写提供了方便。读者可以设想:如果本例设计成一个 1 行 27 列(或者 27 行 1 列)的变量单元格区域,将会给建模工作带来诸多麻烦。

(4) 使用边框、颜色和阴影区分单元格类型

一个"界面友好"的电子表格模型,应当给人一种赏心悦目的感觉。建议建模者充分利用 Excel 软件的各种修饰功能,合理使用边框、颜色和阴影(对话窗口见图 4-6),将建模的意图传达给模型使用者。一个熟练的建模者,以下功能应当随手拈来并灵活运用:"格式"—"单元格"—"单元格属性"中的诸多选项卡;

或者在需要修饰的单元格上使用鼠标右键直接打开"设置单元格格式"—"单元格属性"。本书中,习惯上将电子文档中的目标单元格、变量单元格、约束单元格以及必要的条件(包括标题、注释等)分别设置成是带有边框的蓝色、黄色、紫色和灰色的区域。

图 4-6 单元格格式对话框

(5) 使用区域名称

在电子表格公式中指向一块(或一个)相关单元格的方法是直接使用引用的单元格地址。这种方式的优点是可以直观地找到电子表格的对应位置,但是建模者的另一个选择是使用描述性的区域命名。这种方式可以使公式的输入更加清晰,模型更容易理解。命名单元格(或区域)时,可以选中单元格(或区域),选择"公式"菜单中"定义名称"中操作,或者直接在 Excel 窗口中的"名称框"中操作,输入一个名称后回车确认,即可定义该单元格(或区域)名称。

例如在本章案例中的各种单元格进行命名后,对"规划求解参数"的对话窗口操作就更加直观,读者可以对比电子文件 4-1. xlsx 的 Sheet1(区域未命名)和 Sheet2(区域已命名)之间的差别。对于经过区域命名的电子表格,可以直接以区域名称来引用单元格。对相同的模型,Sheet2 的"规划求解参数"对话框中,Excel 自动建立名称与区域的对应关系,见图 4-7。

图 4-7　额度为 700 万时的规划求解参数（已经完成区域命名）

　　如果操作者不完整选取命名后的区域，Excel 并不显性地表示出该区域的名称。如果建模者或者使用者希望在表格中完整显示出已经命名过的区域的名称，可以通过选择"公式"|"名称管理器"|"用于公式"，然后用"粘贴名称"来实现。这样，一份区域命名的清单（图 4-8 由作者进行了边框和阴影修饰）将显示在当前电子表格中。请读者参考电子文档 4-1. xlsx 的 Sheet2。

名称	区域
实际总投资	=Sheet2!$B$14
收益	=Sheet2!$K$14
投资方案变量	=Sheet2!$B$10:$J$12
投资上限	=Sheet2!$F$14
投资行为	=Sheet2!$L$10:$L$12
行为逻辑约束	=Sheet2!$N$10:$N$12

图 4-8　区域命名清单

　　区域命名对于已经定型的电子表格模型十分有价值。在复杂的规划问题中，如果涉及不同的电子表格甚至工作簿文件，区域命名更是不可缺少的工具之一。但是，在建模的过程中，由于经常会修改单元格，此时的区域命名却会带来一些麻烦,所以建模过程前期并不建议使用。因此,建议建模者在模型的收尾工作时,再开展此项工作。另外,本书以后的案例中,并未一一进行区域(或单元格)命名,请读者自己在例题上进行这个方面的训练,并体会区域命名给建模工作带来的便利。

(6) 使用"批注"

编制过计算机程序的读者,都会体会到程序中"注释"的显著作用。一个优秀的原程序,一定也是一个"注释"写作成功的作品。Excel 电子表格模型也是同样的道理。可以在需要注解的单元格上,通过选择"审阅"|"新建批注",并编辑"批注对话框"来实现。批注的显示可以通过"审阅"|"批注"中的相应功能按钮(或者在带有批注的单元格上点击鼠标右键)在显示和隐藏模式之间进行切换。

(7) 灵活使用单元格的"相对引用"和"绝对引用"

绝对单元格引用是指,公式中单元格的精确地址,与包含公式的单元格的位置无关。相对单元格引用是指,在公式中,基于包含公式的单元格与被引用的单元格之间的相对位置的单元格地址。如果复制公式,相对引用将自动调整。例如:形式为 $A$1 是绝对引用,A1 样式是相对引用,$A1 样式是绝对列和相对行引用,A$1 样式是绝对行和相对列引用。在公式编辑过程中,输入单元格名称后按 F4 键,则可以实现在绝对引用和相对引用之间的切换。

4.3.2 电子表格模型的调试

(1) 代入特殊值进行验证

在规划模型建立完毕后,电子表格上总是存在一个初始状态。通常情况下,这个初始状态是由可变单元格为一组特殊值而生成的。因此在可能的情况下,手工计算或预先估计出这个初始解的大致情况,对于判断和调试模型具有很大的帮助。

(2) 单元格公式的初步人工审核

对于单一的单元格中的公式,可以用鼠标单击该单元格,公式编辑栏中会相应显示该公式的输入内容。如果把输入提示符激活到公式编辑栏(可以用鼠标单击该区域),则公式中涉及的单元格会以不同的显示颜色与电子表格中的相同颜色边框的区域相对应。鼠标双击单元格也可直接达到上述效果,即直观显示该单元格公式内容。

(3) 单元格公式的引用和被引审核

对于单一的单元格中的公式,如果打算进一步考察该单元格的逻辑关系,可以使用"公式"—"公式审核"的丰富功能(见图4-9)进行相关操作。

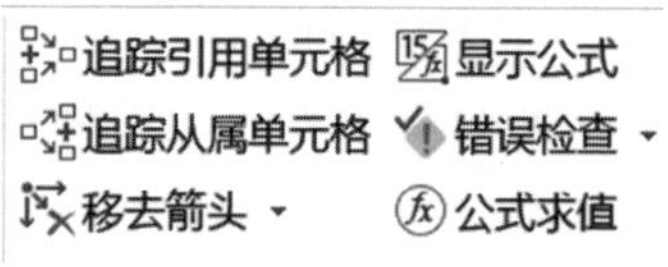

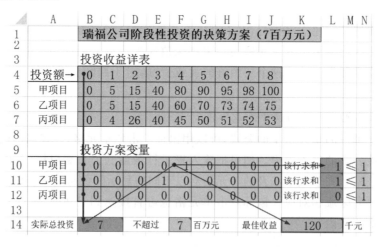

图 4-9 公式审核功能

首先选择需要考察包含公式的活动单元格。若要指明为活动单元格提供数据(即引用)的上一级(或多级)单元格,可单击"追踪引用单元格",则显示追踪箭头。若要指明活动单元格提供数据(即从属)的下一级(或多级)单元格,可单击"追踪从属单元格",则显示追踪箭头。若要取消上述追踪箭头,可利用"移去箭头"实现。移除过程可以分步移去,也可以一次全部移除。

(4) 整个电子表格公式的审核

点击"显示公式"可以把当前表格上的所有公式显示出来。因此对于整个电子表格的公式审核,该功能可以实现"公式显示"和"公式输出值"之间的切换。同时按 Ctrl+~(~为重音符,通常在标准键盘的左上角),可以实现上述切换。

"错误检查"可以检查使用公式时的常见错误。"公式求值"可以初步得出公式中下划线部分的值,并以斜体显示出来。

图 4-10 中,同时显示了实际总投资 B14 的引用追踪和最佳收益单元格 K14 的从属追踪情况。

图 4-10 在电子表格上使用变量跟踪功能示意

4.4　建立电子表格模型的几个重要原则

本章所介绍的 Excel 灵活多样的建模功能,仅仅是这个软件众多功能的冰山一角。灵活性给建模者带来方便和灵感,但同时也给建立糟糕的模型带来了可能。除了上述提到的在输入、建立、完善和调试规划模型中的各种要求以外,再次总结出以下四个原则,希望帮助建模者建立一个优秀的规划模型。

(1) 以数据为驱动

几乎所有的电子表格模型都是以数据为驱动的。初学者往往认为公式的编辑是难点之一,从而忽视了数据的重要性。这是一个误区。数据的安排和输入,乃是建立模型的核心,而公式的编辑是围绕数据开展的。一旦实际问题的数据建立在了电子表格之上,余下的建模工作就相对明朗化了。数据发生变化,一定会导致公式的变化。即便是不同的建模者建立的风格多样的数学模型,数据结构通常的差异不应当很大。总之,一个以科学方法建立的电子表格模型,通常是数据结构决定模型结构,而不是模型结构决定数据结构。

(2) 数据与公式分离

恰恰是由于数据驱动模型的原因,数据与公式分离在建模工作中尤其重要。数据与公式混杂在一起的电子表格模型,其实就是有经验的程序员常常戏称为——糟糕的"烂面条般的程序"(A Bowl of Noodles)。一位具有良好的编写程序习惯的建模者,无论面对复杂还是简单的实际问题,都应当尽量把电子表格模型中的数据和公式分离开来。将数据和公式分离有两个优点。其一是数据可以在电子表格中直接观察到,而不是晦涩地"隐藏"在公式中。其二是可以使模型方便修改,既能单独修改公式,也能单独修改数据,而不是相互牵连。

(3) 保证可读性

Excel 中的"规划求解"是结合电子表格编辑和"规划求解"各种对话框,共同实现问题优化目标的。模型的建立者和使用者在很多情况下并不是同一的,为了让使用模型的人解读建模者所建立的电子表格模型,建议建模者综合使用各种手段,把模型的各种要素直接体现在电子表格中。换句话说,建模者应当照顾到总有一部分人没有必要打开"规划求解参数"对话框的可能。绝大多数的使用者对电子表格的理解,显然要比对"规划求解"各种对话框的理解容易些。另外,打印出来的电子表格,一般不会包含"规划求解参数"对话框的内容,而没有这部分信息,会无形中加大对电子表格模型的读解难度。

一个可读性良好的电子表格模型应当符合以下三个主要标准：

其一，能从电子表格上的信息，逆向还原成原始问题；

其二，能较清晰地从电子表格上，区分目标、变量和约束；

其三，能从电子表格上大致理解数据结构、目标方向以及约束条件的形成。

（4）提高可移植性

可移植性是对建模者提出的更高级要求。一个具有价值的规划模型，可以通过移植性来拓展延伸。编程的可移植性是允许代码在不同平台上创建和运行的一种性质，而建模的可移植性是允许某模型的核心内容经过简单的修改后，去适应类似的实际问题。提高规划模型的可移植性，是一个系统性的工作，除了综合运用上面介绍的各种手段以外，一个最重要的要求就是对实际规划问题抽象化的能力。越抽象成一般化的规划问题，据此建立的模型的移植能力就越强。这也是不论以哪种方式学习运筹学，最终必须要求学习者和应用者掌握基础理论的重要原因之一。

练习与巩固

1. 请独立完成案例 2 的全部规划建模过程，在操作中练习和进一步熟悉"规划求解"的各项操作。

2. 如果瑞福公司的投资总额现在进一步限制在了 6 百万元，那么这种情况下的最佳投资方案是什么？进一步思考：如果某种渠道可以获得 2 百万元的追加资金，那么获得这个 2 百万元追加资金的代价最多不宜超过多少时对公司而言是经济的？

3. 在本章案例电子表格上，练习模型的完善和调试的各项操作。

4. 通过本章的学习，你认为比较重要的建立电子表格的原则及其理由是什么？

第5章 "规划求解"的拓展训练

案例 3：力浦公司市场利润最大化问题的继续研究

第 3 章提及的力浦公司经过规划研究，最终确定了"甲、乙两种产品均要生产 22.5 个单位，并可获得最大的市场利润 202.5 万元"的生产格局，同时三种资源的使用情况分别是"资源 A 和资源 C 均已完全消耗，而资源 B 仍有剩余"。该公司在运营了一年后，管理层为第二年的运营进行了以下的预想（除了问题 iv 以外，假设以下问题均单独出现）：

i. 由于资源市场受到其他竞争者活动的影响，公司市场营销部门预测当年的甲产品的价格会发生变化，导致甲产品的纯利润率将会在 3.8 万元到 5.2 万元之间波动。应对这种情况，公司如何提前对生产格局做好调整预案？

ii. 供应链上游的原料价格不断上涨，给力浦公司带来资源购置上的压力。公司采购部门预测现有 45 单位限额的 A 材料将会出现 3 个单位的资源缺口，但是也不排除通过其他渠道筹措而来 1 个单位的 A 材料的可能。对于 A 材料的资源上限的增或减，力浦公司如何进行新的规划？

iii. 经过规划分析已经知道，资源 B 在最优生产格局中出现了 12.5 单位的剩余，那么如何重新制定限额，做好节约工作？

iv. 在 i 的情况下，乙产品的纯利润率也在同时波动，且波动范围在 4 万元到 5.2 万元之间，应对这种情况，公司如何提前对生产格局做好调整预案？

v. 最坏的可能是公司停止生产，把各种原材料清仓变卖。但是如何在原材料市场上对 A、B 和 C 资源进行报价，使得公司在直接出售原材料的清算业务中损失最小？

vi. 如果企业打算通过增加原材料投入扩大生产规模，面对原材料市场上的 A、B 和 C 资源的市价，力浦公司如何做出经济合理的决策？

5.1 敏感性理论、图解法及其电子表格分析

5.1.1 敏感性理论简介

对于力浦公司的第一个和第二个问题,可以利用敏感性分析来加以研究。让我们回顾一下力浦公司的原始规划模型 $M1$(案例1)。显然,模型中的诸多参数的变化,会对规划求解的最优值和最优解带来不同程度的影响。这些参数包括价值系数(目标函数中的决策变量前的系数 c_j)、资源系数(约束条件不等式右端常数项 b_i)和结构系数(约束条件不等式左端决策变量前的诸系数 a_{ij})。敏感性分析建立在运筹学单纯形理论之上,实质上就是围绕上述参数中的一个或者多个的变化,来考察对最优结果以及其他指标的影响。敏感性分析也称"What-if分析",表5-1 给出了常规规划模型中的参数变化对模型的影响。

力浦公司的规划模型是:

变量:甲的产量 x_1,乙的产量 x_2

目标:$\max Z(x_1, x_2) = 4x_1 + 5x_2$

约束:$\begin{cases} x_1 + x_2 \leqslant 45 \\ 2x_1 + x_2 \leqslant 80 \\ x_1 + 3x_2 \leqslant 90 \\ x_1, x_2 \geqslant 0 \end{cases}$

表 5-1   **参数变化对规划模型的影响(利润最大问题)**

企业遇到的实际问题	现状	规划模型中系数	系数波动的表现	对应运筹学术语
某单一产品价格上升	没有生产	目标函数中某个 c	可能会转入生产	进基转换
	正在生产		继续生产该产品	继续保持基变量
某单一产品价格下降	正在生产		可能会停止生产	出基转换
	没有生产		继续停产该产品	继续保持非基变量
某单一约束限制放宽	有剩余	某个约束的 b	不影响规划	基本解未受影响
	无剩余		最佳值改善	基本解变化
某单一约束限制紧缩	有剩余		可能会影响规划	临界时基本解变化
	无剩余		最佳值恶化	基本解变化

企业遇到的 实际问题	现状	规划模型中系数	系数波动的表现	对应运筹学术语
增加新产品	尚未生产	增加 A 中的一列和 目标函数中某个 c	开始生产该产品	成为新的基变量
			停留在规划阶段	仍旧是非基变量
增加新约束	当前 生产格局	增加 A 中的一行	影响规划	可行域受到影响
			不影响规划	可行域没有影响
停产某产品	正在生产	删除相关的系数	需要重新规划	模型完全改变
减少某约束	发挥作用	完全删除约束行		
	不起作用		不影响规划	基本解未受影响

5.1.2 图解法对敏感性结果的解释

（1）甲产品的纯利润率变化对规划的影响（问题 i）

敏感性的单纯形解法，因篇幅所限不再叙述。本节采用图解法的目的，是激发读者的动态想象，加深对本章案例的敏感性分析的理解。对于上面的规划数学模型，二维坐标解析图见图 5-1。图中，多边形 $OABCD$ 是可行域。以 $-4/5$ 为斜率，$Z/5$ 为截距目标函数直线束，在通过 $C(22.5, 22.5)$ 点时，达到最大的 Z 值（此时，截距亦最大）。利用解析几何的方法，易得 $\max Z = 202.5$。

现在考虑本章案例中的第一个问题，甲产品的价值系数波动对规划结果的影响。这意味着目标函数中原本 x_1 前的价值系数 4 已经变成了一个变参数 l，此时的目标函数应当为：

$$x_2 = -\frac{l}{5}x_1 + \frac{Z}{5}$$

从图 5-1 上可以看出：只要上述目标函数的斜率属于区间 $[-1, -1/3]$，目标直线束欲平移得到最大的截距，仍旧需要通过 C 点。此时可以求出 $l \in [5/3, 5] = [1.667, 5]$。

根据问题 i 所给的区间 $[3.8, 5.2]$，显然产品甲的纯利在 $[3.8, 5]$ 范围内，并没有影响最优解 $C(22.5, 22.5)$。但是最优值显然随着产品甲的价值系数的增加，逐渐从 150 万元增加到 225 万元（注意区别最优值和最优解的本质区别，以免混淆）。

$l = 5$ 时，目标直线与可行域多边形的边 BC 重合。随着 l 的增加，目标直线越来越倾斜。在临界位置以后，只要上述目标函数的斜率属于区间 $[-2, -1]$，目标直线束欲平移得到最大的截距，则需要通过 B 点。此时可以求出 $l \in$

[5,10]。因此,对于产品甲的价值系数在(5,5.2]的区间,最优解 $B(35,10)$。最优值同样随着产品甲的价值系数的增加,逐渐从 225 万元增加到 232 万元。

读者可以借助图 5-1,把产品甲的价值系数的全区间的最优解情况计算出来,具体结果参见表 5-2。据此,应对甲产品的纯利润率将会在 3.8 万元到 5.2 万元之间波动的预测,力浦公司必须制定两套预案:当纯利润率在 3.8 万元到 5.0 万元之间时,组织甲乙两种产品的产量均是 22.5 单位,而纯利润率在 5.0 万元到 5.2 万元之间时,组织甲乙两种产品分别生产 35 单位和 10 单位。可以看出,当产品甲的纯利润率逐渐增加时,力浦公司一定会理性地将资源配置向产品甲方面倾斜。这个变化显然也是符合逻辑的。

表 5-2 x_1 的价值系数的变化对规划结果的影响

价格区间 (x_1 的价值系数)	目标函数斜率	最优解 (x_1, x_2)	最优值变化区间	图像上的点 或线段
$(10, +\infty]$	$[-\infty, -2)$	$(40, 0)$	$(400, +\infty]$	A 点
10	-2	线段 AB 上的任意点	400	线段 AB
$(5, 10)$	$(-2, -1)$	$(35, 10)$	$(225, 400)$	B 点
5	-1	线段 BC 上的任意点	225	线段 BC
$(5/3, 5)$	$(-1, -1/3)$	$(22.5, 22.5)$	$(150, 225)$	C 点
$5/3$	$-1/3$	线段 CD 上的任意点	150	线段 CD
$[0, 5/3)$	$(-1/3, 0)$	$(0, 30)$	150	D 点

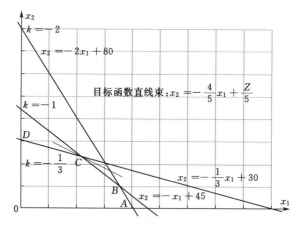

图 5-1   案例 3 的规划情况的图像解析
（每格 10 个单位,目标函数的斜率是 $-4/5$）

第 3 章曾经得到的"规划求解"的敏感性报告(参见图 3-10)中,软件计算出的产品甲的价值系数的变化范围是:"可以最多增加 1"和"可以最多减少 2.3"。这实质上就是由目标函数的斜率在[−1,−1/3]所限制得出的,超出这个范围,模型的临界状态将被打破。

(2) 资源 A 的限额在 42 到 46 单位变化对规划的影响(问题 ii)

在其他条件不变的前提下,力浦公司的采购部门预测 A 材料将会出现 3 个单位的资源缺口,但是也不排除通过其他渠道筹措而来 1 个单位的 A 材料的可能。现在仍旧用解析的手段,分析资源 A 的约束波动带来的影响。

由于资源 A 约束直线方程 AB 仅仅是截距发生了微调,因此可以观察图 5-2 中直线平移给最优解所在的点 C 带来的扰动。如果资源 A 的上限从 45 减少到 42(出现 3 个单位的缺口),则直线平移到左下方的直线位置,新的最优解出现在 C' 处。可以方便地计算出 C' 的坐标是(18,24),最优值是 192 万元。同理,如果资源 A 的上限从 45 增加到 46,则最优解是(24,22),最优值是 206 万元。

在同样的"规划求解"的敏感性报告(参见图 3-10)中,软件计算出的资源 A 的上限的变化范围是:可以最多增加 5 和可以最多减少 15。实质上就是斜率不变的约束直线的平移范围。向右上最多平移并通过点(30,20),向左下最多平移并通过点(0,30),即点 D。超出这个范围,模型的临界状态将被打破。

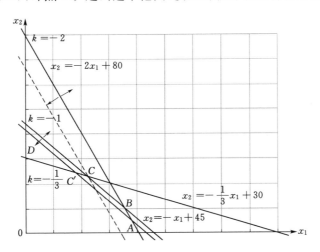

图 5-2 约束条件的微调给最优值带来的影响

(3) 对资源 B 的限额的考察(问题 iii)

资源 B 是力浦公司寻求市场收益活动中的一个有趣的约束。实质上,该约束在当前的最优规划的生产格局下,并没有真正起到约束的作用。正如实际的规划结果表明,资源 B 在取得最优值后,尚有 12.5 单位的剩余。在图 5-2 中,资源 B 的约束直线并没有影响到 C 点的位置。在该直线向左下平移到虚线位置时,资源 B 的约束直线开始起到真正的约束,这个过程恰恰是资源 B 所剩余的"松弛"空间。另外易知,资源 B 的约束直线向右上方平移,更不会影响当前最优值的位置,实际中的表现是资源 B 的剩余会越来越多,直至无穷大。

在同样的"规划求解"的敏感性报告(参见图 3-10)中,软件计算出的资源 B 的上限的变化范围是:资源 B 的最小合理储备是 67.5,即可以在原有 80 的限额上最多增加 10^{30} 和可以最多减少 12.5。这个范围也是约束直线在斜率不变的情况下的平移范围。向左下最多平移并通过 C 点,超出这个范围,模型的临界状态将被打破。而向右上的平移 10^{30},其实就是正无穷。Excel 中用 $1E+30$(科学记数法)这一极大的正数表示无穷大。

5.2 规划模型的敏感性分析:SolverTable 的应用

前文已述,图解法的局限之一是仅仅适用两个决策变量的规划问题(三个变量将是三维作图,更加复杂,几乎失去了实用价值),对于三个以上变量的规划问题已经无能为力。另外,不少初学者在解决敏感性分析问题时,采用在电子表格上直接一次次调整修改参数的方法。虽然这不失为一个解决之道,但是操作麻烦不说,这种方法的其他缺点也是显而易见的:首先是结果之间的比对不直观;其次是结果往往是局部的,不能看出敏感性的临界值在何处发生。本节将介绍一个批量处理规划模型计算的 Excel 加载宏——SolverTable。

5.2.1 SolverTable 加载宏介绍

SolverTable 加载宏有多个开发版本和开发者,此类加载宏是专门拓展 Solver 加载宏在敏感性分析方面的一款插件。在大多数情况下,它的输出比 Solver 本身提供的可选敏感性输出结果更灵活多样和容易理解。它需要优化模型事先建立并通过,且已经对模型进行相应的参数设置。借助这个宏,可以事先输入一系列的敏感性输入试验值,批量计算一个或两个规划模型参数变化,从而揭示这些参数对规划问题的最优解和最优值的影响。

本章介绍的 SolverTable 加载宏(SolverTable. xlam)由 Indiana University 的 Chris Albright 开发。该加载宏专门针对 Excel 2013 的优化模型进行更为专业的敏感性分析。读者可以通过互联网下载这个宏的试用版,将 SolverTable. xlam 文件拷贝到 Excel 加载宏所在文件夹,然后参照本书 2.2 的办法实现 SolverTable 的加载。SolverTable 先后开发出不同版本,其主要挑战是该加载宏在后台调用 Solver 所带来的困难。本书介绍的版本与早期版本的不同之处在于:新版本可以从 Solver 的初始解开始运行。SolverTable 2013 在 Solver 使用非线性 GRG 求解方式时,可以选择是否使用多初始点。对于全局最优解决解而言,使用多初始点有时可以避免局部最优解决解的产生。使用 SolverTable时,需要寻找 Solver. xlam 文件的代码,因此在 Solver 没有加载或者 Solver.xlam 文件没有置于默认位置时,SolverTable 往往会报错。因此,通常建议将Solver 安装在默认位置 C:\Program Files\Microsoft Office\Officexx\Library\Solver。一般情况下,即使不处于其默认位置,只要正确加载了 Solver,SolverTable 2013 通常也能正常工作。

5.2.2　加载 SolverTable 2013

可以通过如下两种方式实现。一种方法是:把 SolverTable 2013. zip 解压到硬盘的一个文件夹中。建议在 Microsoft 的 Library 文件夹下为此目的创建一个新文件夹,比如 C:\Program\Microsoft Office\Library\……该文件夹位于Microsoft 的"信任"列表中。如果想将这些文件存储在其他地方,则应该将该文件夹添加到受信任的列表中。为此,请在 Excel 选项卡的信任中心,完成添加新的位置。双击 SolverTable. xlam 即可完成加载安装。另一种方法是加载到常驻内存。在正常解压后,点击"文件 | 选项 | 加载项",转到"可用加载宏"中,在"Solvertable"前勾选(图 5-3,这需要将 SolverTable. xlam 复制到 Excel 加载宏的默认位置路径上),然后确定。

图 5-3　可用加载宏勾选项

加载成功后,新选项卡"SolverTable"将出现在现有选项卡最右侧。点击该选项卡,将出现图5-4。

图 5-4　SolverTable 选项卡

加载成功后,SolverTable 具有运行、帮助、卸载等功能按钮。SolverTable 提供单因素和双因素两种敏感性分析方式。不论单因素还是双因素的分析,必须在电子表格上的规划模型运行通过并得到最优解后,方可进行 SolverTable 分析。

5.2.3　单因素(oneway table)敏感度分析操作

SolverTable 没有自动识别敏感性输入变量和选择结果显示区域功能,因此必须在 SolverTable 运算分析之前,进行以下进一步的定义工作。

以案例 3 为例。本节研究甲产品的纯利润率在 3.8 万元到 5.2 万元之间波动对整个生产系统的敏感性影响。电子表格模型 5-1. xlsx 上,甲乙两种产品的利润参数以及三种资源的上限参数,均已显性地体现在了电子表格上,使得原模型的可读性和操作性进一步改善。

以下利用 SolverTable 对甲产品的利润参数进行单因素敏感度分析。首先,确保 5-1. xlsx 是 Sheet1 上的规划模型顺利通过并取得了最优解。然后,点击选项卡"SolverTable|Run SolverTable",将会看到一个分析表格方式的选项框(图5-5),选择"Oneway table"。

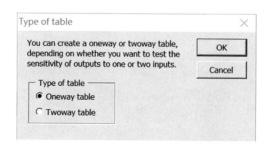

图 5-5　分析表格方式选项框

确认后,得到"oneway table"的参数选项框(图 5-6)。

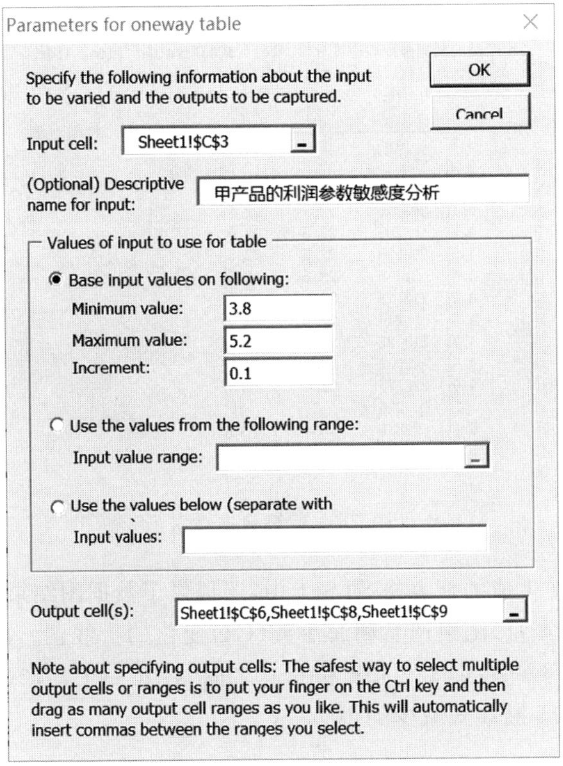

图 5-6　"oneway table"的参数选项框

① 选择需要考察的输入参数。在"Input cell"位置,输入需要考察的输入参数位置。本例中需要考察甲产品的纯利润率,因此此处输入 C3。可以进一步为该输入参数进行描述,比如在"Descriptive name for input"后输入"甲产品的利润参数敏感度分析"。

② 为表格规定输入值。该加载宏提供三种输入值方式。一种是按照步长在最大最小值之间安排。比如本例可以实现在 3.8 万元(minimum)到 5.2 万元(maximum)之间的增量(increment)的区间离散数据列。一种是事先准备好的区域数据。还有一种是离散数据。

③ 为表格规定输出值。在"Output cell(s)"位置,规定该加载宏在代入不同输入值运行后的输出值。比如本例可以要求输出:最优值、甲产品产量和乙产品产量,于是在"Output cell(s)"位置分别输入 C6、C8 和 C9。

确认后,SolverTable 生成一个新表格 STS_1。运算数据输出见图 5-7。

	A	B	C	D	E	F	G
1	Oneway analysis for Solver model in Sheet1 worksheet						
2							
3	甲产品的利润参数敏感度分析 (cell $C$3) values along side, output cell(s) along top						
4		$C$6	$C$8	$C$9			
5	3.8	198	22.5	22.5			
6	3.9	200.25	22.5	22.5			
7	4	202.5	22.5	22.5			
8	4.1	204.75	22.5	22.5			
9	4.2	207	22.5	22.5			
10	4.3	209.25	22.5	22.5			
11	4.4	211.5	22.5	22.5			
12	4.5	213.75	22.5	22.5			
13	4.6	216	22.5	22.5			
14	4.7	218.25	22.5	22.5			
15	4.8	220.5	22.5	22.5			
16	4.9	222.75	22.5	22.5			
17	5	225	35	10			
18	5.1	228.5	35	10			
19	5.2	232	35	10			
20							

图 5-7　运算数据输出

SolverTable 生成的新表格 STS_1 中,还提供了数据图结果。图 5-8 给出了输出 C9(乙产品产量)随甲产品利润参数(C3)变化的折线图。图形直观地告诉我们:甲产品利润参数(C3)在 4.9 和 5.0 之间,存在一个乙产品产量变化的突变临界点(从 22.5 断崖式减少到 10)。

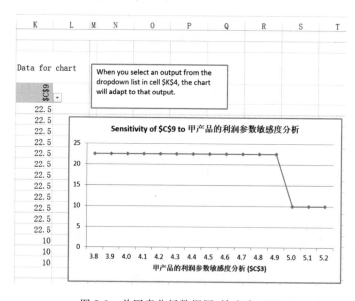

图 5-8　单因素分析数据图(输出为 C9)

上述表格中,K4 单元格有一个下拉按钮,可以切换选择不同的输出数据(需事先定义)。比如本例还可以切换成 C6 或 C9。切换后,数据图自行随之更新。新表格 STS_1 中的数据图可以进一步编辑和修改,操作方法与其他 Excel 生成图规则无异。比如,图 5-9 显示了输出切换成 C8(甲产品产量),同时建模者采用了柱形图的显示方式。

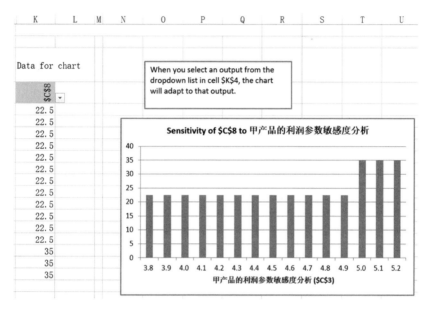

图 5-9 单因素分析数据图(输出为 C8)

图形直观告诉我们:甲产品利润参数(C3)在 4.9 和 5.0 之间,存在一个甲乙产品产量变化的突变临界点(22.5 飞跃式增加到 35)。

5.2.4 双因素(twoway tables)敏感度分析操作

案例 3 中要求分析:甲产品的纯利润率在 3.8 万元到 5.2 万元之间波动的情况下,乙产品的纯利润率也在同时波动,且波动范围在 4 万元到 5.2 万元之间,公司须如何应对这种情况提前对生产格局做好调整预案?

这是一个双因素(twoway table)敏感度分析,两个同时影响生产系统的输入参数分别是甲产品利润参数(C3)和乙产品利润参数(C4)。点击选项卡"SolverTable| Run SolverTable",将会看到一个分析表格方式的选项框(图 5-5),选择"Twoway table"。

确认后,得到"twoway table"的参数选项框(图 5-10)。

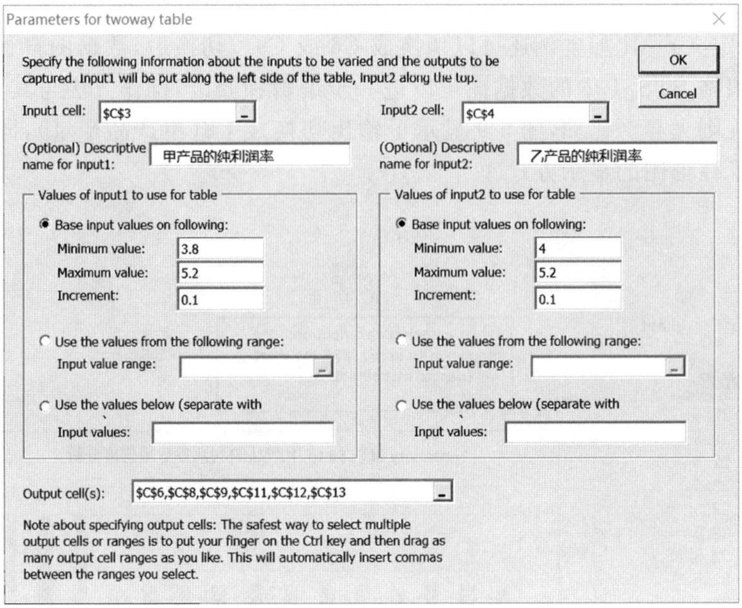

图 5-10 "twoway table"的参数选项框

① 选择需要考察的输入参数。在"Input1 cell"和"Input2 cell"位置,分别输入需要考察的输入参数位置。本例中需要同时考察甲、乙产品的纯利润率,因此此两处分别输入 C3 和 C4。可以进一步为该输入参数进行描述,比如在"Descriptive name for input"分别输入:"甲产品的纯利润率"和"乙产品的纯利润率"。

② 为表格规定输入值。按照步长在最大最小值之间安排。比如本例 C3 可以实现在 3.8(minimum)到 5.2(maximum)之间的步长 0.1(increment)的区间离散数据列,C4 可以实现在 4(minimum)到 5.2(maximum)之间的步长 0.1(increment)的区间离散数据列。

③ 为表格规定输出值。在"Output cell(s)"位置,规定该加载宏在代入不同输入值运行后的输出值。比如本例可以要求输出:最优值、甲产品产量、乙产品产量以及三种资源的使用量,于是在"Output cell"位置分别输入 C6、C8、C9、C11、C12 和 C13。

确认后,SolverTable 生成一个新表格 STS_2。运算数据输出见图 5-11。

表中数据结果显示规则是:列方向是甲产品的纯利润率数据,行方向是乙产品的纯利润率数据;实现规定的输出分不同的表格显示(表格的左上角有标记)。

上述新表格 STS_2 中,P4 和 T4 单元格均有一个下拉按钮,可以切换选择

	A	B	C	D	E	F	G	H	I	J	K	L	M	N
1														
2	Twoway analysis for Solver model in Sheet1 worksheet													
3	*甲产品的纯利润率* (cell $C$3) values along side, *乙产品的纯利润率* (cell $C$4) values along top, *output* cell													
4	$C$6	4	4.1	4.2	4.3	4.4	4.5	4.6	4.7	4.8	4.9	5	5.1	5.2
5	3.8	175.5	177.75	180	182.25	184.5	186.75	189	191.25	193.5	195.75	198	200.25	202.5
6	3.9	177.75	180	182.25	184.5	186.75	189	191.25	193.5	195.75	198	200.25	202.5	204.75
7	4	180	182.25	184.5	186.75	189	191.25	193.5	195.75	198	200.25	202.5	204.75	207
8	4.1	183.5	184.5	186.75	189	191.25	193.5	195.75	198	200.25	202.5	204.75	207	209.25
9	4.2	187	188	189	191.25	193.5	195.75	198	200.25	202.5	204.75	207	209.25	211.5
10	4.3	190.5	191.5	192.5	193.5	195.75	198	200.25	202.5	204.75	207	209.25	211.5	213.75
11	4.4	194	195	196	197	198	200.25	202.5	204.75	207	209.25	211.5	213.75	216
12	4.5	197.5	198.5	199.5	200.5	201.5	202.5	204.75	207	209.25	211.5	213.75	216	218.25
13	4.6	201	202	203	204	205	206	207	209.25	211.5	213.75	216	218.25	220.5
14	4.7	204.5	205.5	206.5	207.5	208.5	209.5	210.5	211.5	213.75	216	218.25	220.5	222.75
15	4.8	208	209	210	211	212	213	214	215	216	218.25	220.5	222.75	225
16	4.9	211.5	212.5	213.5	214.5	215.5	216.5	217.5	218.5	219.5	220.5	222.75	225	227.25
17	5	215	216	217	218	219	220	221	222	223	224	225	227.25	229.5
18	5.1	218.5	219.5	220.5	221.5	222.5	223.5	224.5	225.5	226.5	227.5	228.5	229.5	231.75
19	5.2	222	223	224	225	226	227	228	229	230	231	232	233	234
20														
21	$C$8	4	4.1	4.2	4.3	4.4	4.5	4.6	4.7	4.8	4.9	5	5.1	5.2
22	3.8	22.5	22.5	22.5	22.5	22.5	22.5	22.5	22.5	22.5	22.5	22.5	22.5	22.5
23	3.9	22.5	22.5	22.5	22.5	22.5	22.5	22.5	22.5	22.5	22.5	22.5	22.5	22.5
24	4	35	22.5	22.5	22.5	22.5	22.5	22.5	22.5	22.5	22.5	22.5	22.5	22.5
25	4.1	35	35	22.5	22.5	22.5	22.5	22.5	22.5	22.5	22.5	22.5	22.5	22.5
26	4.2	35	35	35	22.5	22.5	22.5	22.5	22.5	22.5	22.5	22.5	22.5	22.5
27	4.3	35	35	35	35	22.5	22.5	22.5	22.5	22.5	22.5	22.5	22.5	22.5
28	4.4	35	35	35	35	35	22.5	22.5	22.5	22.5	22.5	22.5	22.5	22.5
29	4.5	35	35	35	35	35	35	22.5	22.5	22.5	22.5	22.5	22.5	22.5
30	4.6	35	35	35	35	35	35	35	22.5	22.5	22.5	22.5	22.5	22.5
31	4.7	35	35	35	35	35	35	35	35	22.5	22.5	22.5	22.5	22.5
32	4.8	35	35	35	35	35	35	35	35	35	22.5	22.5	22.5	22.5
33	4.9	35	35	35	35	35	35	35	35	35	35	22.5	22.5	22.5
34	5	35	35	35	35	35	35	35	35	35	35	35	22.5	22.5
35	5.1	35	35	35	35	35	35	35	35	35	35	35	35	22.5
36	5.2	35	35	35	35	35	35	35	35	35	35	35	35	35
37														
38	$C$9	4	4.1	4.2	4.3	4.4	4.5	4.6	4.7	4.8	4.9	5	5.1	5.2
39	3.8	22.5	22.5	22.5	22.5	22.5	22.5	22.5	22.5	22.5	22.5	22.5	22.5	22.5
40	3.9	22.5	22.5	22.5	22.5	22.5	22.5	22.5	22.5	22.5	22.5	22.5	22.5	22.5
41	4	10	22.5	22.5	22.5	22.5	22.5	22.5	22.5	22.5	22.5	22.5	22.5	22.5
42	4.1	10	10	22.5	22.5	22.5	22.5	22.5	22.5	22.5	22.5	22.5	22.5	22.5
43	4.2	10	10	10	22.5	22.5	22.5	22.5	22.5	22.5	22.5	22.5	22.5	22.5
44	4.3	10	10	10	10	22.5	22.5	22.5	22.5	22.5	22.5	22.5	22.5	22.5
45	4.4	10	10	10	10	10	22.5	22.5	22.5	22.5	22.5	22.5	22.5	22.5
46	4.5	10	10	10	10	10	10	22.5	22.5	22.5	22.5	22.5	22.5	22.5
47	4.6	10	10	10	10	10	10	10	22.5	22.5	22.5	22.5	22.5	22.5
48	4.7	10	10	10	10	10	10	10	10	22.5	22.5	22.5	22.5	22.5
49	4.8	10	10	10	10	10	10	10	10	10	22.5	22.5	22.5	22.5
50	4.9	10	10	10	10	10	10	10	10	10	10	22.5	22.5	22.5
51	5	10	10	10	10	10	10	10	10	10	10	10	22.5	22.5
52	5.1	10	10	10	10	10	10	10	10	10	10	10	10	22.5
53	5.2	10	10	10	10	10	10	10	10	10	10	10	10	10

图 5-11 双因素分析数据输出(局部)

不同的输出数据。切换后,数据图自行随之更新。新表格 STS_2 中的数据图可以进一步编辑和修改,操作方法与其他 Excel 生成图规则无异。

5.2.5　卸载 SolverTable 2013

如果不再使用 SolverTable 功能，点击选项卡"SolverTable"上的"Unload SolverTable"按钮，即可实现对 SolverTable 的卸载。

5.3　影子价格理论及其电子表格分析

5.3.1　影子价格理论简介

（1）基本概念

影子价格（shadow price），又称阴影价格，由荷兰经济学家詹恩·丁伯根在 20 世纪 30 年代末首次提出，并在 1954 年赋予其明确定义。影子价格是利用线性规则原理计算出来的反映资源最优使用效果的一个重要指标，形式体现为"价格"。对于线性规划模型，每一条约束条件所对应的广义资源概念，均对应一个影子价格。可以利用微分定量描述这种资源的影子价格，即当作为约束资源增加一个微量而得到目标函数新的改进值时，目标函数改进值的增量与资源增量的比值。因此，影子价格在数学原理上，就是目标函数对约束条件（即资源）的一阶偏导。用线性规划方法求解资源最优利用效果时，原模型的对偶模型的对应资源约束条件的一组变量得出相应的极小值，其解就是对偶解，极小值作为对资源的经济评价，表现为影子价格。这种影子价格反映劳动产品、自然资源、劳动力的最优使用效果，所以又称资源的边际产出或资源的机会成本，它表示资源在最优产品组合时所具有的潜在价值。因此，影子价格与运筹学的对偶理论紧密相连，希望读者在学习理解影子价格时，认真掌握与对偶理论相关的重要内容。

影子价格是技术经济评价以及经济学研究领域的重要概念，广泛应用于国民经济评价、效用与费用分析、投资项目评估以及进出口活动的经济评价。由于考察的视角和表述的差异，影子价格有着不同的定义，例如，把投资的影子价格理解为资本的边际生产率与社会贴现率的比值时，用来评价一笔资金用于投资还是用于消费；把外汇的影子价格理解为使市场供求均衡价格与官方到岸价格的比率，用来评价用外汇购买商品的盈亏，使有限外汇进口值最大。因此，这种影子价格含有机会成本，即替代比较的意思，一般称之为广义的影子价格。还有在一些项目分析活动中，认为影子价格是资源和产品在完全自由竞争市场中的供求均衡价格。还有观点认为，影子价格是没有市场价格的商品或服务的推算价格，它代表着生产或消费某种商品的机会成本。还有一些场合将影子价格定义为商品或生产要素的边际增量所引起的社会福利的增加值。本章介绍的影子价格,是指在追求投入产出系统效益最大化的规划环境下,某种资源约束的微量变化,能给系统的优化带来的量化效果。

（2）三种价格的关系

经常与影子价格同时讨论的还有生产价格和市场价格。

生产价格由社会平均的实际成本和资金成本两部分组成。实际成本是为了补偿能源、原材料、折旧、大修、人工、运费和其他等项的消耗支出,不包括利息和税收支出;资金成本是新创造的剩余价值,包括税金、利息和利润在内。由于生产价格与成本息息相关,因此在大多数场合下,生产价格又被称为成本价格。

市场价格是某种产品在特定的市场中,由交易双方市场行为共同确定的产品价格。市场价格不但受产品成本的影响,还受到市场供需关系的影响。虽然市场价格受价值规律的制约,但是由于外部的影响,市场价格往往发生扭曲,围绕着成本价格而上下波动。

一般从价值理论上来说,生产价格和影子价格通常是合理价格,而市场价格有的比较合理,有的不合理。对于特定的产品,当市场价格大于生产价格时,生产该产品的企业可获得看得见、摸得着的超额利润,并最终可以通过财务数据体现出来;而当某种资源的影子价格大于市场价格时,使用该资源的企业也会在对该资源的配置中获得利益,但是这种利益通常是无法用财务指标衡量的,甚至是企业无法精确计算的。这也许是影子价格得名的原因之一。总之,不合理的价格会歪曲经济效果大小,导致决策行为失误。比如,由于某种能源的市场价格偏低,相应的节能新技术的推广应用必将受到人为的影响;同样,违反价值规律和生产价格要求的能源市价上涨,也属于不合理的价格行为。

（3）对影子价格的评论

以下是运筹学领域对影子价格的评论:

※ 影子价格是一种机会成本。当某企业内部的某种资源的影子价格（另一种理解是影子价格与成本价格之和）大于市场价格时,应当在市场上买进该资源。反之则卖出。

※ 影子价格是一种边际价格,是通过微调得到的瞬时值,生产格局的调整通常都会对影子价格产生影响,而成本价格甚至市场价格则是一个相对稳定的值。在正常的市场环境中,某一个企业内部的调整基本上不会影响到整个市场价格。

※ 某种资源的影子价格通常比较难确定,并且是针对某个行（企）业而言的;而该资源的市场价格在某个时期则是确定的,并且是针对整个市场而言的。

※ 影子价格在特定生产格局下,会出现为 0 的情况;而市场价格和成本价格通常是正值。

※ 在系统条件确定的前提下,影子价格可以由单一的主体来确定或感知,而市场价格通常由交易双方不同主体共同得到。换言之,影子价格是规划解,市场价格是均衡解,成本价格是算术解。

※ 用于合理确定资源稀缺程度的指标是影子价格,而市场价格或者成本价格有时力所未及,甚至产生扭曲。开展优化资源配置工作,应当首先依据影子价格,其他二者作为辅助。

※ 与其称之为影子价格,不如称之为影子超额价值。因为即便是同一种资源,在不同企业中,对各自规划系统的影响是不一样的,因此应当以各自的"价值"单位衡量。而该资源在市场上通常标以统一的"货币"单位衡量的市场价格,很少出现"一货二价"的情况。

5.3.2 影子价格的电子表格分析(问题 v 和问题 vi)

只要定量地回答出当前资源 A、B 和 C 的"真正价值",力浦公司面临的问题 v 和问题 vi 便迎刃而解。虽然从生产模型上,我们计算出了最优解和最优值,但是并没有直观地给出资源的真正价值。价值是在交换过程中体现出来的,对偶问题的感性认识便是源自交换。

精明的力浦公司决策层除了竭力规划出最优的生产方案之外,绝对不会放弃直接出售资源而获取利润的这条捷径。我们现在设想另有一个 A、B、C 资源的需求商,即将接洽到作为生产商的力浦公司进行交易:这位需求商打算直接购买这些资源。由于 A、B、C 资源留在力浦公司内部,将会带来或多或少的超额利润,因此可以理解:单纯用成本价格购买,力浦公司一般并不乐意出让这些资源。所以,这位需求商应当在成本价格的基础上,分别再给 A、B、C 资源增加 y_1、y_2 和 y_3 的加成价格。此处的加成价格显然是指弥补成本以后的超额利润,可以理解为"加成定价策略"中的价格加成部分。y 过高,需求商不会购买,y 过低,力浦公司不会出售。显然,一定存在一组特定的 y 值,可以撮合两个企业的交易。后面会讲到,此时的 y_1、y_2 和 y_3 便是资源 A、B、C 各自的影子价格。

试想存在一单交易,力浦公司恰以 1 单位 A、2 单位 B 以及 1 单位 C 的比例"集成出售"了三种资源,那么这单交易的成交额 P_1 是:

$$P_1 = y_1 + 2y_2 + y_3$$

力浦公司会想到,以这个比例出售的资源恰恰可以生产给本企业带来 4 万元纯利润率的甲产品。显然,如果 $P_1 \leqslant 4$,这单交易对力浦公司来说是不合算的。与其如此出售资源,还不如将这些资源留在企业内部生产,以期获取至少 4 个单位的超额利润。因此,需求商如果想购买到这个组合资源,则报价 y_1、y_2 和 y_3 必须满足约束条件:

$$y_1 + 2y_2 + y_3 \geqslant 4$$

同样的道理,在以乙产品的利润率为参考时,y_1、y_2 和 y_3 还须满足:

$$y_1 + y_2 + 3y_3 \geqslant 5$$

当然,y_1、y_2 和 y_3 作为资源交易价格加成,即超额利润。因此必须是有实际意义的非负值。

在满足上述出售条件下,需求商将对购买力浦公司当前所有资源的总支出最小,即:

$$\min W(Y) = 45y_1 + 80y_2 + 90y_3$$

以上的分析过程,实际上就是将一个规划模型进行对偶转换的全过程。按照这个方法,可以得到需求商优化视角下的新模型 $M2$。

$\boxed{变量}$:资源 A 的加成价格 y_1、资源 B 加成价格 y_2 和资源 C 的加成价格 y_3

$\boxed{目标}$:$\min W(Y) = 45y_1 + 80y_2 + 90y_3$

$\boxed{约束}$:$\begin{cases} y_1 + 2y_2 + y_3 \geqslant 4 \\ y_1 + y_2 + 3y_3 \geqslant 5 \\ y_1, y_2, y_3 \geqslant 0 \end{cases}$

Excel 有两种方法解决力浦公司的问题 v:

① 建立 $M1$ 的对偶问题 $M2$,利用"规划求解"计算 $M2$ 的最优解。请读者自行在电子表格上建模计算上述规划模型,体会 $M1$ 与 $M2$ 之间的区别和联系。

② 直接参考"规划求解"给出的 $M1$ 敏感性报告(参见图 3-10),其中每条约束的"阴影价格",便是该资源的影子价格。

注意:"规划求解"必须在选项为"线性模型"的情况下,才给出影子价格的结果。可以从规划结果的"敏感性报告"上确定,资源 A 的影子价格是 3.5,资源 B 的影子价格是 0,资源 C 的影子价格是 0.5。

5.3.3　力浦公司的影子价格的实际应用

以下结合力浦公司的生产运作,关于影子价格的正确命题罗列如下:

※ 所有问题中的影子价格均指以成本价格之外的"加成价格"形式存在的纯利润率,即超额价值。

※ 如果公司停止生产,把各种原材料清仓变卖,A 和 C 资源的出售价格应当是各自的成本再加上 3.5 和 0.5 的超额利润,而 B 资源以成本价转让。

※ 如果力浦公司和资源需求商双方均经过精打细算的规划分析,那么理论上,转让全部资源的纯收益不会超过也不会少于 202.5 万元。也就是说,力浦公司生产规划的最大收益等于资源需求商报价的最小值,谈判双方在 202.5 万元

达成交易。超过这个值,力浦公司乐意卖,但资源需求商不会买;低于这个值,资源需求商乐意买,但力浦公司不会卖。注意:202.5 万元是成本以外的价值。

※ 如果企业打算通过增加"少许"原材料投入扩大生产规模,面对原材料市场上的 A、B 和 C 资源的市价,力浦公司以成本价格加上上述计算出来的影子价格为代价才是理性的决策。比如现在市场上 A 资源的市场价格是 13.4,那么力浦公司在以 16.9 以内的交易价格"少量"购买 A 这种资源通常是经济的。

※ 任何一个规划模型,即便没有最优解,也存在一个与之对应的对偶规划模型。因此力浦公司在任何情况下,都可以使用对偶理论计算出辅助决策的影子价格。另外,需要把思路进一步拓宽的是,如果某些约束条件并不一定是客观实物存在的资源,而是一些非物质约束时,同样存在对应的影子价格。这些非物质约束的影子价格,同样对企业的最优规划工作起到主要的指导作用。

练习与巩固

1. 分别讨论线性规划模型中的各类参数的变动,给线性规划模型带来的敏感性分析问题。从单纯形的理论角度,理解敏感性分析的原理和步骤。

2. 图解法是规划问题中经常用到的方法。请结合本章的学习,总结图解法的优点和缺点。

3. 在案例 1 的电子文档 3-1. xlsx 上,按照案例的要求修改规划参数,计算并验证本章案例 3 的问题 i、ii 和 iii 的结果。

4. 下载并安装 SolverTable 加载宏,独立完成案例 3 的敏感度分析工作。对比电子文档 3-1. xlsx 和 5-1. xlsx,体会数据和公式分离带来的便利。

5. 影子价格的原理和概念是什么? 影子价格、生产价格和市场价格的关系是什么? 如何在规划求解结果报告中,读取到模型给出的影子价格信息?

第6章　目标规划问题

案例4:欧宝公司的多目标决策问题

欧宝公司是某汽车生产集团旗下的一家配件加工企业,拥有一台大型专业设备,主要为集团公司所需要的 A、B 两种汽车配件进行表面防锈电镀处理。作为子公司,欧宝公司单批加工的配件产品无论多少,产成品均被集团公司直接收购并进行内部利润核算。欧宝公司在当前的经营状况下,每加工 1 单位的 A 配件,需要消耗电镀原料 2 kg 和 4 h 的设备时间,同时可获得利润 8 千元,而加工1 单位的 B 配件,需要消耗电镀原料 4 kg 和设备时间 2 h,可获得利润 6 千元。欧宝公司现在接到集团公司配送的加工所需要的电镀原料 48 kg,即将开展这个生产批次的安排,而且经过查标得知本周期内公司大型设备的有效工时是60 h。

生产规划工作会议涉及三个部门:财务部门、设备部门和生产部门。以往的经验是,由于与会各部门都会坚持自己的目标和要求,总是使公司类似会议发展成一个相关部门喋喋不休的大辩论,效率很低,效果很差。于是,在这次欧宝公司召开的生产规划会议上,公司邀请了一个运筹规划小组列席会议,共同参与规划解决这个问题。

第 5 章以及之前讨论的案例,一个共同的特点是只涉及唯一确定的目标。但是在实际当中,一个规划问题并不一定是用一个总绩效来评判的,往往会涉及超过一个以上的分目标。欧宝公司遇到的问题便是一个显然的例子:财务部门希望利润指标达到某个特定的水平,设备部门希望设备合理使用,而生产部门对产品的产量也有不同的要求。因此,当规划问题中出现多个目标,尤其是互相矛盾的目标时(比如欧宝公司的利润目标和设备有效时间目标是相互制约的),求解单一的最大或者最小值的常规方法已经不能适用,必须借助多目标决策的方法。

19 世纪 60 年代,查恩斯(A. Charnes)和库伯(W. Cooper)在线性规划的基础上,共同开发了目标规划的方法,从而巧妙地解决了多目标决策问题。目标规划是解决多目标决策问题的有效方法之一,其理论基础是对"偏差"的巧妙定义。

对于多目标决策问题涉及的诸多"目标",分别对应构造一组"偏差变量"d_i^+（表示超出目标的部分）和 d_i^-（表示欠缺目标的部分），通过"偏差变量"将这些"目标"一一转化为规划问题的"目标约束"，并结合已有的约束，共同规划出这些偏差汇总后的最小值。在这些"偏差和"的最小值的状态，就是最能综合满足多目标规划的最佳状态，称为满意解。实际上，目标规划就是利用"偏差"将多目标问题转换成常规的单目标的一种规划方法。常见的目标规划可以分为：单一目标规划、平等多目标规划、加权多目标规划和优先多目标规划。随后的例子可以看出：单一目标规划与常规线性规划仅仅在思考角度上有异，计算方法在一定条件下通常是等价的；平等多目标规划则是加权多目标规划的特例，两者实质上仍旧是一种单目标规划；优先多目标规划则是线性规划的分阶段处理。总之，目标规划仍属于线性规划的范畴。

6.1 单一目标规划

6.1.1 目标约束和偏差

目标规划中的"目标"可以实现，此时偏差为 0；也可以不实现，此时正偏差或者负偏差为正。所有的"目标"均可利用以下公式转换为"目标约束"：

$$目标函数表达式 - d^+ + d^- = 计划目标值$$

对于实际问题中出现的不同表述形式，目标规划的一般处理方法如表 6-1 所示。

表 6-1　　　　　　　　　　目标规划中偏差的性质

实际问题中的表述	目标函数中的体现	可能的计算结果	不可能的结果	现实目的
希望恰好实现目标	$d_i^+ + d_i^-$	偏差均为 0，或者有一个不为 0 的正数	d_i^+ 和 d_i^- 不可能同时出现	努力使两种偏差最小
希望超过既定目标	d_i^-	d_i^- 可为正数或者 0	d_i^- 不可能是负数 d_i^+ 不可能出现	努力使欠缺最少
希望不超过既定目标	d_i^+	d_i^+ 可为正数或者 0	d_i^+ 不可能是负数 d_i^- 不可能出现	努力使超出最少

目标规划的目标函数中仅仅包括偏差变量，并始终寻求最小值方向。请认真体会表 6-2 中命题之间的区别和联系。

表 6-2 目标规划中偏差的性质

原命题	等价命题	易混淆的不等价命题
希望超过目标值	缺欠目标值越小越好($\min d^-$)	超过目标值越大越好($\max d^+$)
希望不超过目标值	超过目标值越小越好($\min d^+$)	缺欠目标值越大越好($\max d^-$)
希望等于目标值	超过或缺欠目标值均越小越好 $\min(d^+ + d^-)$	$d^+ - d^- = 0$

6.1.2　单一目标规划模型

在欧宝公司生产会议召开前,运筹规划小组事先研究了欧宝公司的规划问题。在实现利润最大化的目标下,公司的数据见表 6-3。

表 6-3 欧宝公司生产数据

	产品 A	产品 B	拥有量
设备有效时间/h	4	2	60
电镀原料/kg	2	4	48
单位利润/千元	8	6	—

可以构造以下常规线性规划模型 $M3$:

变量:A 的加工量 x_1,B 的加工量 x_2

目标:$\max Z(x_1, x_2) = 8x_1 + 6x_2$

约束:$\begin{cases} 4x_1 + 2x_2 \leqslant 60 \\ 2x_1 + 4x_2 \leqslant 48 \\ x_1, x_2 \geqslant 0 \end{cases}$

利用 Excel 规划建模求解,可以得到最优解是 $X(12,6)$,最大利润是 132 千元。

在欧宝公司的生产规划会议上,财务部门首先发言,认为结合以往的生产经验,这笔业务似乎应当实现 140 千元的利润目标。然而,财务部门提出的这个所谓的目标是主观的。在经过运筹规划小组对 $M3$ 的事先分析,显然在这组约束条件下,140 千元的目标是无法实现的。但是问题在于:如果事先并不知道 $M3$ 的结论,将如何说服财务部门的目标制定者? 现在我们建立模型 $M4$:

变量:A 的加工量 x_1,B 的加工量 x_2,利润目标 140 千元,超过的正偏差 d^+,欠缺的负偏差 d^-。不难理解,正偏差和负偏差至少一个为 0,即 $d^+ \times d^- = 0$。

目标:$\min Z(d^+, d^-) = d^- + 0d^+$

约束:
$$\begin{cases} 8x_1 + 6x_2 - d^+ + d^- = 140 \\ 4x_1 + 2x_2 \leqslant 60 \\ 2x_1 + 4x_2 \leqslant 48 \\ x_1, x_2, d^+, d^- \geqslant 0 \end{cases}$$

模型 M4 就是对问题的单一目标规划,在这种情况下等价于常规的线性规划模型 M3。

财务部门提出的 140 千元的利润目标,其实是一个主观的判断,在已有的约束(绝对约束)下,可能超过(此刻 d^+ 不为 0),可能欠缺(此刻 d^- 不为 0),也可能恰好满足(此刻 d^+ 和 d^- 均为 0),但是 d^+ 和 d^- 不能同时不为 0。显然,在规划过程中,d^+ 出现正值是受欢迎的,而一旦 d^- 确实无法避免的情况下,越小越好。

一般情况下,这对偏差一定存在逻辑关系:$d^+ \times d^- \equiv 0$。

经过加上可能的正偏差和同时减去可能的负偏差的平衡处理,财务部门提出的 140 千元的利润目标其实并不是规划模型的真正目标,而是一个约束条件等式。而真正的目标,恰恰是让这个约束达到偏差最小化,即目标规划的最满意状态。

模型计算文件 6-1.xlsx 的 Sheet1 中,规划模型表格和规划参数结果参考图 6-1 和图 6-2。

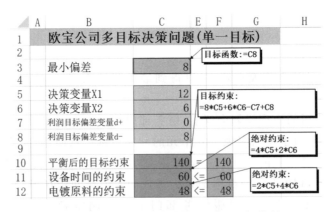

图 6-1 案例 4 的电子表格模型(单一目标情况)

图 6-2　案例 4 的规划求解参数(单一目标情况)

计算结果表明,达到财务收益目标 140 千元的最小负偏差是 8 千元。这说明无论怎样规划,财务部门的 140 千元的目标是做不到的,但是起码可以最小的缺欠做到,即只能完成 132 千元的最大利润收益。目前的 8 千元的偏差也是最令人满意的,该满意状态下的两种配件的加工量分别是 12 单位和 6 单位。

上述结论显然是与模型 $M3$ 的直接计算一致的。

6.1.3　最优解与满意解

当单一目标规划的目标值制定得偏高于理论最优值时(例如本例中的 140 千元),利用目标规划不会影响理论上的最优解。从上述例子可以看到,此时的两个模型虽然视角不同,但效果是等价的,即均可以促成欧宝公司 132 千元的利润最大值。

但是,当单一目标规划的预定目标值偏低于理论最优值时(例如图 6-1 中,假设财务部门的目标定为 130 千元,而非该例中的 140 千元),利用目标规划的解决办法将会影响理论上的最优解。因为对于目标规划而言,优化方向不再是努力实现系统最优,而是全力保证作为已经通过偏差改造为约束条件的“目标约束”达到要求。此时的模型得到的解,显然不是常规线性模型在理论上的最优解。财务部门以 130 千元为目标的目标规划的计算文件在“6-1.xlsx”的 Sheet2 中。此时的目标规划中,偏差圆满保证了为理论上的最小值“0”。“0”是任何非负偏差的最小值,当然这个结果是在理性预期当中的。因为理论上,欧宝公司的最优利润是 132 千元,财务部门制定的 130 千元的目标低于这个值,对于这种

"松弛度很大"的"目标约束",不会再出现任何偏差。然而,$M4$ 的规划结果仍旧是正确而且理性的,只不过此时的 $M3$ 与 $M4$ 不再"等价"。

由此可知,不能武断地认为单一目标规划一定"完全等价于"某个线性规划。进一步体会应当是:在实际问题中,人为制定的目标如果高于理论最优值,则并不能对改进理论最优值起到实质上的作用。但是低于这个理论值,反而会对原本可以达到的最优状态产生实质上的负面影响。这个效应一定要引起生产目标制定者的高度重视。此效应类似经济学中的"木桶效应":对于单一目标的规划问题而言,假设理论最优值是正常的木板,超过这个长度的木板不会对容积起到任何作用,而如果存在一个短于这个正常值的木板,该木板越短,带来的效果就越明显。因此,虽然通过"偏差"的技术处理,将单一目标规划(包括随后的各种多目标规划)归结到单纯形算法上,但是对目标规划的最终解的规范称呼通常不是"最优解",而应当是"满意解"。

6.2　平等多目标规划

从上一节可以看到,在欧宝公司的财务部门提出 140 千元利润目标之后,会出现一个 8 千元的缺口。生产部门立即提出了一个反对意见:加工配件 A 属于高污染工艺,环保部门已经对公司提出了警告,因此这批次的加工业务最好能将配件 A 的产量控制在 10 个单位以内。由于 A 的产量受到限制,利润目标必须让步。经过一番讨论,公司财务部门认可了 122 千元的利润目标。那么,为了同时兼顾这两个平等的目标,欧宝公司将如何规划生产?

显然,上述的限制配件 A 产量在 10 个单位以内的目标和实现 122 千元的利润的目标是平等的,属于平等多目标规划研究的范畴。会议上,运筹规划小组随即建立了模型 $M5$:

变量:A 的加工量 x_1,B 的加工量 x_2,利润目标 122 千元,超过的正偏差 d_1^+,欠缺的负偏差 d_1^-,A 的限产目标 10 单位,超过的正偏差 d_2^+,欠缺的负偏差 d_2^-

目标:$\min Z(d_i^+,d_i^-)=d_1^-+\rho d_2^+$ ★

约束:
$$\begin{cases}8x_1+6x_2-d_1^++d_1^-=122\\x_1-d_2^++d_2^-=10\\4x_1+2x_2\leqslant60\\2x_1+4x_2\leqslant48\\x_1,x_2,d_i^+,d_i^-\geqslant0,\ i=1,2\end{cases}$$

注意：平等多目标规划和加权多目标规划的目标函数中的各种偏差，一定要转换成统一的量纲，并且数量级要一致。如果忽略了这个重要的参数 ρ，可能会影响正确的规划结果。

例如，上面 $M5$ 的目标函数中的转换系数 ρ 一定不能缺少。欧宝公司决定将偏差统一换算到货币单位——千元。经过调查研究，确定每超过 1 个单位的配件 A 的加工量，偏差 d_2^+ 相当于 4 千元的惩罚效果，因此 $\rho = 4$。模型计算文件 6-2.xlsx 中，规划求解参数和电子表格模型参考图 6-3 和图 6-4。

图 6-3　案例 4 的规划求解参数（平等多目标情况）

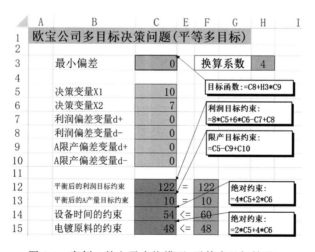

图 6-4　案例 4 的电子表格模型（平等多目标情况）

如果在模型 $M5$ 中,将目标函数写成:

$$\min Z(d_i^+, d_i^-) = d_1^- + d_2^+$$ ☆

☆ 式看似 d_1^- 和 d_2^+ 的加权系数均是 1,似乎满足了平等多目标规划,其实这是一个很危险的"建模陷阱"。如果没有 ρ,"$d_1^- + d_2^+$"的物理单位是没有意义的,更不用说在规划中求解了。但是有趣的是,在这个例子中,即便是疏忽了 ρ 的存在,同样可以得到与图 6-4 完全一致的规划结果,其原因是这个例子的满意解恰巧出现了 d_1^- 和 d_2^+ 为 0 的巧合,尤其是 d_2^+ 为 0,掩盖住了 d_2^+ 前 ρ 的缺失。另外,对于★式而言,实际上省去了 d_1^- 和 d_2^+ 前相同的权重系数,但电镀是并不影响规划结果。

图 6-4 的结果表明,$M5$ 中所有的偏差(C7:C10)均为 0,两个目标均已满足,生产方案是配件 A 加工 10 单位,配件 B 加工 7 单位,利润为既定目标 122 千元,公司的专用设备尚有 6 个工时空闲,而原料已经完全消耗。

6.3　加权多目标规划

在完成上述规划计算后,运筹规划小组再次提起常规线性规划 $M3$ 的最优结果 132 千元,这个数据引起了参会人员对平等多目标规划模型 $M5$ 的惋惜。虽然 $M5$ 达到了满意解,但是总感觉利润空间没有充分挖掘。大家对平等对待"利润"和"限产"两个目标的做法产生了动摇,于是会议又进入了争论状态。经过进一步的讨论,大家一致认为:应当在分清问题轻重缓急的基础上,努力实现以下目标:

i. 充分利用设备的 60 个有效机时。超出 1 个机时,相当于额外增加 1 万元的加班成本,而浪费 1 个机时,则损失 1.5 万元的机会成本。

ii. 对配件 A 不再限产,转而限制 B 产品。配件 B 的产量争取不超过 4 个单位;如果 B 超过 1 个单位,相当于消耗 3 千元利润的机会成本。

iii. 对于公司利润,努力实现 130 千元的目标值。

6.3.1　加权分配是"4：2：1"的多目标规划

加权多目标规划的目标约束与绝对约束的处理同前述。而对于包含 k 个子目标的规划问题,加权目标规划的目标函数的一般形式是:

$$\min Z(d_k^+, d_k^-) = (w_{11}d_1^+ + w_{12}d_1^-) + (\rho_{21}w_{21}d_2^+ + \rho_{22}w_{22}d_2^-) + \cdots + (\rho_{k1}w_{k1}d_k^+ + \rho_{k2}w_{k2}d_k^-)$$

其中:w_{ij} 是权重;ρ_{ij} 是换算系数,统一换算到第一个子目标的物理量纲单位。

上述 3 个目标,在经过代入不同的 ρ 取值,可换算成与利润指标相同的货币单位衡量。在欧宝公司规划会议上,确定三个目标之间的重要程度是 4：2：1,则权重可以分别输入为 4、2 和 1。目标函数利用了 SUMPRODUCT()函数,实现了偏差矩阵、换算矩阵和权重矩阵的对应元素的乘积累加。

根据本节案例给出的目标要求,目标 i 中的设备机时正负偏差均可能会出现并影响规划结果,因此必须在模型中体现出不同的换算系数,但是按照偏差 $d^+ \times d^- = 0$ 的性质,虽然最终只有 d^+ 或者 d^- 中的其中一个出现在规划结果中,但是这两个偏差的权重应当是相等的。目标 ii 中的限产偏差出现 d_2^- 和目标 iii 中的利润偏差出现 d_3^+ 时,均不是规划模型考虑的范畴,因此,这两个偏差的换算系数和权重系数均可以设置成 0。

模型计算文件 6-3.xlsx 的 Sheet1 中,规划计算结果参数和电子表格模型参考图 6-5 和图 6-6。

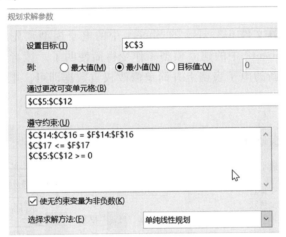

图 6-5　案例 4 的规划求解参数(加权多目标情况,权重比 4∶2∶1)

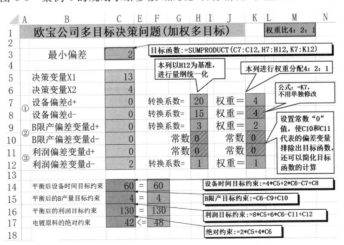

图 6-6　案例 4 的电子表格模型(加权多目标情况,权重比 4∶2∶1)

图 6-6 的结果表明,在这种权重条件下,目标 i 和目标 ii 的正负偏差均为 0,两个目标均以满足,而目标 iii 的负偏差是 2,说明利润目标完成了 128 千元(由原始目标 130 千元经过扣除 2 个负偏差导出)。生产方案是配件 A 加工 13 单位,配件 B 加工 4 单位,电镀原料尚有 6 个单位剩余。

6.3.2 加权分配是"3∶1∶6"的多目标规划

经过权重分配为 4∶2∶1 的规划,公司决策层仍旧对 128 千元的利润结果不是十分满意。于是决策层在模型上进行了权重分配的修改,突出了利润目标的重要性,新的分配比例是 3∶1∶6。欧宝公司这次规划显然把利润目标放在了重要的位置,设备利用次之,产品 B 的限产放在了更次要的位置。

由于模型计算文件 6-3. xlsx 的 Sheet1 中的电子模型预先注意了数据与模型的分离,因此 Sheet2 中的建立模型工作变得简便明了。读者可以拷贝 Sheet1 中的电子模型到新的电子表格上并简单修改权重数据即可。电子表格模型参考图 6-7。

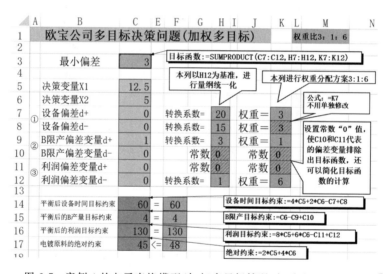

图 6-7　案例 4 的电子表格模型(加权多目标情况,权重比 6∶1∶3)

图 6-7 的结果表明,在这种权重条件下,目标 i 和目标 iii 的正负偏差均为 0,对应的目标均已满足,尤其是利润目标完成了 130 千元。目标 ii 的正偏差是 1,配件 B 的限额被突破,这个显然是为了照顾重要性被强化的利润目标 iii,系统所做出的让步。生产方案是配件 A 加工 12.5 单位,配件 B 加工 5 单位,原料的剩余情况由 6 个单位减少到 3 个单位。

6.3.3　加权多目标规划的小结

加权多目标规划,正如它的名称一样,是对存在于同一规划问题之中的不同偏差值赋予权重,从而体现出各个目标约束之间的重要性的差异。对于多目标规划以及类似评价问题,"加权"不失为一种简捷有效的应对方法。不论计算的复杂与否,权重的确定总是或多或少地加进了主观因素。因此,在使用加权多目标规划时,一定要慎重。原因如下:

① 权重 w_{ij} 和转换系数 ρ_{ij},一定要借助其他科学的方法来确定,不能盲目主观认定,否则随后的精确计算,从数据源头上就会出现问题。

② 加权目标规划还有一个无法避免的缺点,就是模型的敏感度问题。可以设想:即便是权重和换算系数得到了理论上的准确值,但是假如这组参数恰好使得模型的满意解位于临界状态附近,则此时的目标规划分析得到的结论是脆弱和易变的。理论上存在某种可能,一个微小的系数波动就可能推翻现有的满意解。

③ 解决多目标规划的理论初衷是对各种子目标的偏差实现逻辑意义上的"叠加",而非代数意义上的"求和"。然而,加权多目标规划(包括平等多目标规划)实际上是借助量纲转换,实现了偏差"求和",这一点是实质上违背"目标规划"理论精髓的。建议在能利用其他方法解决的规划问题中,尽量避免使用加权处理。在加权多目标规划中,无论采取何种形式的权重形式,都与下一节介绍的优先多目标规划存在本质上的不同。请读者认真理解这两种多目标规划的区别和联系。

6.4　优先多目标规划

欧宝公司的规划会议终于进入争论高潮。经过了上述分析,每一个人都认识到:权重系数和换算系数的确定,又将是新一轮争论的焦点。财务部门的负责人甚至直接指出:按照公司既定的目标权重分配比例 3∶1∶6,财务目标的重要程度显然两倍于设备利用目标,这似乎是已经明确了的问题。但是,在实际生产的每一次操作中,究竟是首先顾及前者,还是照顾后者?类似问题还有很多。这些争论过多地分散了规划人员的注意力,同时按照刻板的权重数字,欧宝公司甚至无法考核这些目标的责任落实。

于是,欧宝公司决定放弃权重的困扰,最终给上一节中的三个目标规定了先后完成的"优先"顺序:首先公司上下全力保证设备 60 个有效机时的运用;其次,在设备有效运用的前提下,保证配件 B 产量在 4 个单位以内;最后,在设备和限产目标均尽力满足的基础上,去努力实现 130 千元的利润计划目标。

6.4.1 优先多目标规划的模型

（1）一般化模型的目标函数

优先多目标规划的模型中，约束条件的处理方法仍旧不变，最大的区别是目标函数的变化。

$$\min Z(d_k^+, d_k^-) = \sum_{k=1}^{K} P_k(w_k^+ d_k^+ + w_k^- d_k^-)$$

目标函数中，$k=1,2,\cdots,K$。w_k^+ 和 w_k^- 是加权系数，显然只有在同一级别的子目标中，才可以使用加权处理。P_k 是第 k 个子目标的优先因子，并规定 $P_k \gg P_{k+1}$。"$\gg$"是"远远大于"的含义，这个符号提示建模者，在应用优先多目标规划的电子表格时，不可将 P_k 理解成一个具体的数字，更不能试图将 P_k 以数字形式写进电子表格模型（无论输入多大差距的数字，Excel 均无法表达"远远大于"的概念）。再次说明：P_k 虽然形式上类似权重，但最终是一个表达目标实现先后次序的逻辑概念，而各种偏差的权重 w_k^+ 和 w_k^- 仍旧可以根据问题的具体情况而定。由于上述目标表达式并不是代数累加，因此前面介绍的换算系数 ρ 在这里失去了出现的意义和必要。

（2）欧宝公司优先多目标规划模型

按照欧宝公司会议的最后决定，优先多目标规划模型 $M6$ 是：

变量：A 的加工量 x_1，B 的加工量 x_2。P_1 级别的设备工时目标 60 h。由于是努力定点实现这个目标，所以需要同时定义正、负偏差变量 d_1^+ 和 d_1^-；P_2 级别的配件 B 限产目标 4 单位，由于是努力不超限产额度，所以仅仅定义正偏差变量 d_2^+；P_3 级别的利润目标 130 千元，由于是努力超过利润目标，所以仅仅定义负偏差变量 d_3^-。出于问题简化的目的，本例将所有权重系数设为 1。

目标：$\min Z(d_i^+, d_i^-) = P_1(d_1^- + d_1^+) + P_2 d_2^+ + P_3 d_3^-$

约束：
$$\begin{cases} 4x_1 + 2x_2 - d_1^+ + d_1^- = 60 \\ x_2 - d_2^+ + d_2^- = 4 \\ 8x_2 + 6x_2 - d_3^+ + d_3^- = 130 \\ 2x_1 + 4x_2 \leqslant 48 \\ x_1, x_2, d_i^+, d_i^- \geqslant 0, \quad i=1,2,3 \end{cases}$$

（3）优先多目标规划模型的解决思路

由于作为先后逻辑顺序限制的优先因子的存在，解决多目标模型的基本思路是分阶段处理。首先，在多目标模型中，暂时不考虑除了规划 P_1 优先级别以外的目标约束，然后进行规划求解；得到满意解后，把 P_1 优先级别的目标约束的状态作为常数固定(通常是形成新的约束);然后,再以 P_2 为新的起点,重复刚才的步骤,直至规划到最后一个优先级别 P_l。

常用的目标规划求解方法有图解法和单纯形法。

图解法(适用于决策变量有且只有两个,而目标偏差变量允许多个)的思路大致是:首先,暂时不考虑所有的目标约束,依据绝对约束和决策变量的非负约束绘出可行域;然后,把目标约束代表的线或者半平面(目标约束可以用两个决策变量先画出,并加上偏差变量的平移调整)按照优先级别的次序,逐步缩小或者切割可行域的范围;最后一个优先次序的约束条件安排完毕后,结束规划。

单纯形法解决优先多目标规划实际上是多个单纯形法的叠加。思路大致是:首先,建立一个初始的单纯形表,但是检验数行按照优先级别分成相应行数,各行对应模型目标函数中的相应偏差变量部分;其次,按照优先级别进行优化,保证低一级的优化不会改动高一级的优化阶段结果;如此计算下去,最后一行判断完成后结束规划。

恰恰是由于分阶段处理的原因,在优先多目标规划建模中,模型的目标函数不再受到不同偏差变量之间量纲不同的困扰,这是优先多目标规划的优点之一。因此,转换系数 ρ_{ij} 在优先目标规划中不再出现。严格意义上讲,只有优先目标规划才真正体现了目标规划的理论精髓,而单一目标规划、平等目标规划和加权目标规划甚至仅仅是优先目标规划的一种特殊情况,而这个特殊情况源自对优先因子的量纲统一量化。

无论是图解法,还是单纯形法,均体现了目标规划分阶段处理问题的原则。这些基础方法的原理和步骤,请读者参考相关运筹学教材。本节即将介绍的电子表格模型依然遵循着这个技术路线。

6.4.2　欧宝公司优先多目标规划模型的电子表格和结果

从前面对优先多目标规划的分析可知,欧宝公司的这个优先多目标规划模型在一个电子表格模型中实现起来比较困难,因此需要按照优先级别的顺序建立一个步步推进的模型组。因此对于具有优先级别的多目标规划而言,有多少优先级别,通常就会存在多少个先后接续的规划模型。

第一阶段,建立满足 P_1 目标的规划模型。图 6-8 给出了模型表格中的部分公式。模型计算文件 6-4. xlsx 的 Sheet1 中,电子表格模型和规划求解参数参考图 6-9 和图 6-10。显然,在 $P_1 \gg P_2 \gg P_3$ 的规定下,模型首先要保证设备 60 个有效机时的运用。也就是说这个阶段的规划,暂时没有考虑到 P_2 和 P_3 级别的目标约束。

	H	K
3	实际达到值	平衡值
4	=SUMPRODUCT(C7:D7, C4:D4)	=H4-I4+J4
5	=D7	=H5-I5+J5
6	=SUMPRODUCT(C7:D7, C6:D6)	=H6-I6+J6
7	=SUMPRODUCT(C7:D7, C5:D5)	=H7

	B
12	当前最小偏差
13	=SUM(I4:J4)

图 6-8　优先多目标规划第一阶段部分单元格公式

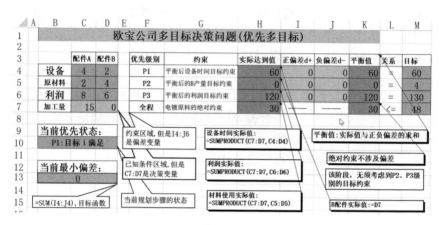

图 6-9　案例 4 的电子表格模型(优先多目标情况的第一阶段)

规划求解参数

设置目标(T)：$B$13

到：○ 最大值(M)　● 最小值(N)　○ 目标值(V)　0

通过更改可变单元格(B)：
$C$7:$D$7,$I$4:$J$4

遵守约束(U)：
$K$4 = $M$4
$K$7 <= $M$7

☑ 使无约束变量为非负数(K)

选择求解方法(E)：单纯线性规划

图 6-10　案例 4 的规划求解参数(优先多目标情况的第一阶段)

这个电子模型的风格与本章前面几个不同。前者体现了偏差变量在规划中的作用和来龙去脉,后者遵循了常规的线性规划模型的习惯。请读者对比这种风格上的差异,体会各自的优点。由于 Excel 的窗口比较友好,读者可以发挥自己的灵感和创造性。

　　运行"规划求解"后，P_1 阶段的规划结果是：P_1 级别的目标完全满足，正负偏差均为 0。原材料耗尽。只有配件 A 生产了 15 个单位，为欧宝公司带来 120 千元的利润。

　　细心的读者会发现，在 Sheet1 上，P_2 级别的目标约束平衡值单元格 K5 仍旧是 0，并不等于目标值 4；同样 P_3 级别的目标约束平衡值单元格 K6 是 128 千元，并不等于目标值 130 千元。注意：这不是错误。这个结果恰恰是由于这一阶段的模型尚未把利润目标约束纳入考虑范围——计算机显示的仅仅是该级别规划变量计算的阶段结果。这些所谓的"表面错误"，需要在所有的级别逐一处理过之后才能全部满足。

　　第二阶段，在满足 P_1 目标的基础上，建立满足 P_2 级别目标的规划模型。这个阶段的规划模型，规划的重心转移到 P_2 级别下的 d_2^+。首先调整该模型的目标函数为图 6-11 所示。

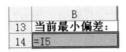

图 6-11　第二阶段目标单元格公式

　　其次，将第一阶段规划出的"d_1^+"和"d_1^-"为"0"的满意解作为绝对约束，即"I4＝0"和"J4＝0"写进"规划求解参数"约束对话框，同时增加进去 P_2 级别的目标约束平衡式子。模型计算文件 6-4.xlsx 的 Sheet2 中，电子表格模型和规划求解参数参考图 6-12。

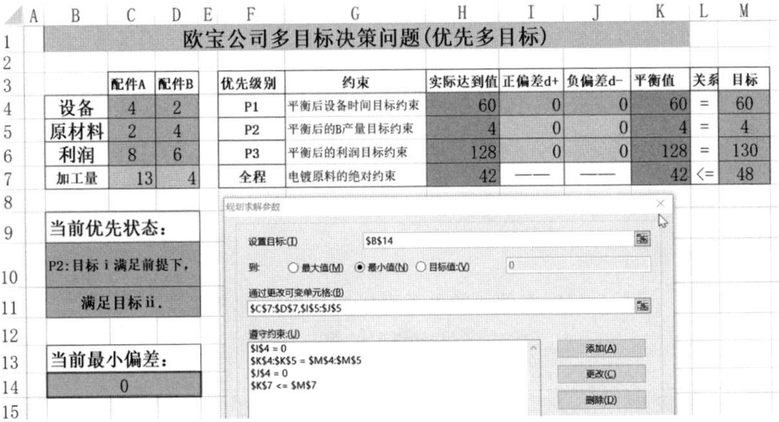

图 6-12　案例 4 的电子表格模型和规划求解参数
（优先多目标情况的第二阶段）

运行"规划求解"后，P_2 阶段的规划结果是：P_1 和 P_2 级别的目标完全满足，正负偏差均为 0。原材料耗尽。配件 A 生产了 13 个单位，配件 B 生产了 4 个单位，为欧宝公司带来 128 千元的利润。

与第一阶段的理由一样，在 Sheet2 中的 P_3 级别的目标约束平衡值单元格 K6 是 128 千元，仍旧不等于目标值 M6 的 130 千元。这也不是错误。但是，此时 P_2 级别的目标约束平衡值单元格 K5 满足了目标值 4。

第三阶段，也是规划的最后阶段，在满足 P_1 和 P_2 级别目标基础上，建立进一步满足 P_3 级别的目标规划模型。

对于这个阶段的规划模型，首先调整该模型的目标函数为图 6-13 所示。

	B
13	**当前最小偏差：**
14	=J6

图 6-13　第三阶段目标单元格公式

其次，将第一阶段规划出的"d_1^+ 和 d_1^- 为 0"、第二阶段规划出的"d_2^+ 为 0"均作为绝对约束写进"规划求解参数"对话框，同时继续增加进去 P_3 级别的目标约束平衡式子。模型计算文件 6-4.xlsx 的 Sheet3 中，电子表格模型和规划求解参数参考图 6-14。

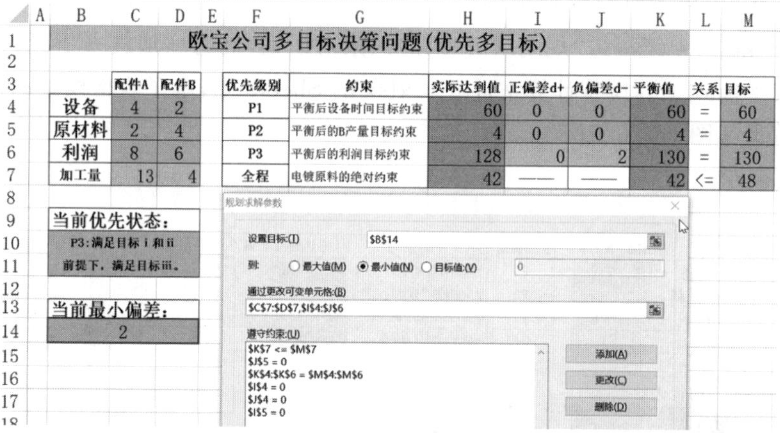

图 6-14　案例 4 的电子表格模型和规划求解参数
（优先多目标情况的第三阶段）

运行"规划求解"后，P_3 阶段的规划结果是：P_1 和 P_2 级别的目标完全满足，正负偏差均为 0，P_3 级别距离 130 千元的利润目标存在负偏差 2 千元。原材料耗尽。配件 A 生产了 13 个单位，配件 B 生产了 4 个单位，为欧宝公司带来 128

千元的利润。

练习与巩固

1. 工作生活中的多目标决策问题的表现如何,你是如何处理和应对这些问题的?

2. 目标规划中,如何将不同表述方式的"目标"命题,转化成目标规划模型中"目标约束"和"目标函数"? 逻辑依据是什么?

3. 在单一目标规划情境中,决策者主观制定目标值给决策问题带来的影响是什么? 如何应对?

4. 平等多目标规划和加权多目标规划中,产生主观影响的环节有哪些? 消除这些主观影响的措施是什么?

5. 阐述平等多目标规划中的转换系数 ρ 的重要作用。

6. 请参考其他运筹学教程,学习图解法和单纯形法解决优先多目标决策的步骤,对比与本章的分阶段实现的优先多目标规划电子表格模型的对应关系。请说出这些解决方法的优点和局限。

7. "优先多目标规划完全体现了目标规划的理论精髓"。你支持这个观点吗? 依据是什么?

8. 独立完成案例 4,体会不同目标规划原则下的区别和联系。

第7章　整数规划问题

案例5：力浦公司产品按照集装箱单位生产的继续研究(一)

第3章提及的力浦公司经过规划研究,最终确定"甲、乙两种产品均要生产22.5个单位,并可获得最大的市场利润202.5万元"的生产格局,同时三种资源的使用情况分别是"资源A和资源C均已完全消耗,而资源B仍有剩余"。力浦公司随后对这个最优结果的各种敏感性进行了进一步的分析研究(第5章)。随着公司外向型经营战略的实施,公司甲、乙两种产品已经确定全部出口海外。现在要求以标准集装箱为单位生产,合理规划公司的生产格局。

7.1　整数规划的基本概念

7.1.1　整数规划的思路

整数变量在生产实践中屡见不鲜。在规划资源配置的过程中,经常会遇到大型设备(台)、人力资源(人)、以整数为单位的原材料以及以整车(船、箱)装载的产品等情况。显然,遇到这种以整数为计量单位的资源时,仅仅满足非负要求而得到的分数或者小数形式的规划结果是不合理的。注意:在多数情况下,对这些已经得到的非整数结果进行"四舍五入"或者"截尾"往往是不可行的。即便是得到可行解,也不一定是最优解。因此,在以问题为导向的运筹学领域中,进一步发展了一个十分有价值的分支——整数规划(Integer Programming)。

(1) 整数规划的一般模型形式

整数规划的一般模型形式是:

$$\max(\min)Z = \sum_{j=1}^{n}c_jx_j \quad (j=1,2,\cdots,n)$$

$$\text{s. t.} \begin{cases} \sum_{j=1}^{n}a_{ij}x_j \leqslant (\geqslant,=)b_i(i=1,2,\cdots,m) \\ x_j \geqslant 0 \text{ 全部或部分是整数} \end{cases}$$

结合上述模型的决策变量整数要求情况进一步细分,整数规划可以包括以下三种：

　　① 纯整数规划（pure IP）：所有决策变量全部是非负整数的线性规划。

　　② 混合整数规划（mixed IP）：部分决策变量是非负整数的线性规划。

　　③ 0-1 规划（binary IP）：有全部或者部分决策变量只能取 0 或者 1 的线性规划。0-1 规划是应对逻辑判断问题的特殊整数规划，它可以是纯整数规划，也可以是混合整数规划。

　　整数规划处理的基本思路仍旧是线性规划问题。目前比较成熟的方法是分支限界法、割平面法等。上述方法的原理是在暂时不考虑决策变量整数约束的情况下，采用不同的手段，将整数约束逐步体现在规划过程中，最终得到符合整数约束的规划解。另外，由于决策变量是离散的整数，这给采用穷举法（枚举法）解决规划问题提供了操作上的可能。以穷举法为主要解决思路的隐枚举法，也不失为一种解决整数规划的有效办法（实际上，分支限界法也是一种隐枚举法）。但是穷举法的一个最大问题是可能应对的备选方案繁多，如果过滤条件不是十分有效的话，穷举法的工作量将十分巨大，从而影响了计算的效率。

　　(2) 整数规划解的特殊性

　　在多数情况下，不考虑整数约束条件的规划模型，仍可以得到非整数规划的结果。但是，不能因代数习惯以"四舍五入"或者"截尾"（去除小数位）来处理初步得到的非整数解。以下以力浦公司为例，用图像解析法澄清这个容易出错的问题。

　　在图 5-1 中，我们已经利用图解方法，找到了规划解。图 5-1 中的 C 点，就是非整数约束条件下的最优解。现在，为了更清晰研究即将开展的整数规划，将 C 所在附近位置放大 10 倍，见图 7-1。

　　图 7-1 中，坐标单元格单位是 1，黑粗虚线坐标线代表原图 5-1 中以 10 为单位的坐标线。如果同时考虑 x_1 和 x_2 的整数约束，则新问题的可行解至少要保证落在上图中坐标网格的交叉点处。$C(22.5, 22.5)$ 点的两个坐标均不符合整数要求。

　　如果"四舍五入"，得到一个"整数解"：$I(23, 23)$。I 点显然不在可行域内，属于不可行的范畴，更不用说最优解了。

　　如果"截尾"，得到一个整数解：$K(22, 22)$。K 点虽然在可行域内部，但是应当能从图形上察觉到，这种"截尾"处理的让步似乎过于宽松，因为在 K 和 I 之间，存在不少可能的整数方案，比如 $H(22, 23)$、$J(23, 22)$ 等等。因此，不能判断截尾得到的 K 就是最优的整数解。

　　我们仍旧利用移动目标函数直线束的方法，寻找整数约束下的最优解。显

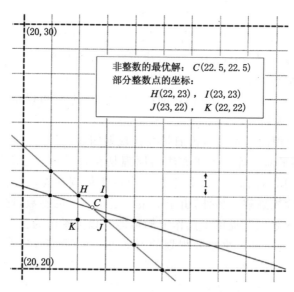

图 7-1　原图 5-1 中 C 点附近区域(每格 1 个单位)

然,与原图 5-2 上的连续平移不同,在图 7-1 上的直线束移动,是"步进"的。也就是说,目标函数表示的斜线 $x_2 = -4/5x_1 + Z/5$,其移动方式是从原点向右上方,逐一通过可行的整数点。在离开可行域前,最后一次通过的整数点,才是整数规划问题的最优解。(请读者关注图 7-1 中的黑点标出的几个特殊整数点的位置,并在图中找出平移后的整数最优可行解。)经过解析方法的处理,确定 J $(23,22)$ 点是进一步满足"x_1 和 x_2 整数约束"的新问题的最优解。显然,J 点既不是"四舍五入"取得,也不是小数位"截尾"而来。

(3) 图解法在整数规划中的局限

上述过程得出力浦公司以整箱为单位生产甲、乙产品的最优方案:23 箱的甲产品和 22 箱的乙产品,最优值是 202 万元。与没有整箱条件的 202.5 万元相比,当前的最优值减少了 5000 元,显然这是整数约束带来的影响。

虽然图解法似乎解决了上述问题,但是图解法只能解决双因素决策变量的局限仍然存在。而且在整数规划中,一个新的问题也非常棘手。读者在实际操作以后会发现,由于象限中都是离散的点,对图像的精确性要求较高。上述例子中,在目标函数直线束平移过程中,在判断 H 点和 J 点是否最优时,用观察的方法已经不可靠,必须要借用代数的验算来区分。因此,图解法甚至很少应用到整数规划的实际问题中去。

7.1.2　整数规划的电子表格建模和规划求解

（1）整数规划的建模和求解

解决整数规划的专门方法包括分支定界法和割平面法等。虽然这些方法的核心是线性规划并在单纯形表上进行优化求解，但是操作的具体细节仍有很多差异。然而，对于利用 Excel 中"规划求解"来实现整数规划功能而言，唯一的区别就是在"规划求解参数"对话框中，输入整数约束条件，其他的操作基本类似于前面介绍的常规规划求解步骤。

本节的案例中，力浦公司决定以整箱为单位生产甲、乙产品，问题由此变成了整数规划。而对于电子表格模型而言，只是在原有规划模型上增添新的整数约束。整数约束的实现，通过规划求解参数对话框中的"添加"并在逻辑关系下拉选项中选择"int"来完成。

模型计算文件在 7-1. xlsx 中，规划模型表格和规划参数结果参考图 7-2 和图 7-3。

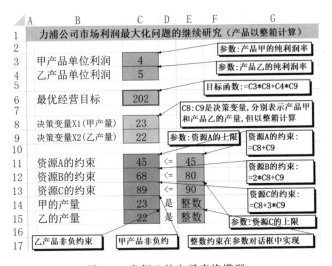

图 7-2　案例 5 的电子表格模型

计算结果表明：力浦公司在保证产品生产单位为整数的情况下，甲、乙产品分别生产 23 个和 22 个标准集装箱的产量，并使市场收益达到最大值 202 万元。这个结果显然是与图解法得到的结果是一致的。

（2）用放宽整数约束的常规线性规划问题求解后的注意

计算机解决整数规划问题的算法（包括上面使用的"规划求解"功能）远不如

图 7-3　案例 5 的规划求解参数

线性规划的单纯形法的效率高。虽然 Excel 可以解决相对复杂的整数规划问题，但是规划模型中的决策变量个数也仅仅以百计，对于超大规模的整数规划问题还略显吃力。目前已出现部分功能强大的商业软件，可以解决变量数以千计的大型整数规划问题。整数规划在运筹学的理论研究方面，也是一个不断突破的领域。与之比肩的计算机领域，这个方面的研究也在不断发展和进步中。

　　恰恰是由于整数规划求解的困难，在实际问题中，也常常用放宽整数约束的常规线性规划问题求解代替对应的整数规划问题，并在求解后对非整数结论进行处理。这实质上打破了前文已经做出的严密结论，即在求解精度和运算成本的共同权衡取舍下，利用"四舍五入"或"截尾"的方法处理放宽整数约束后的普通规划模型的最优解，从而接受得到的"近优解"。比如某高校利用常规线性规划得出某专业的最佳招生人数是 1842.74 人，那么完全可以近似地认为 1842 或者 1843 均是相应的整数规划问题的"近优解"。但是"近优解"毕竟不是"最优解"，如何评价"近优解"问题已经超出本书的讨论范畴，有兴趣的读者可以参考相关材料，探讨这个有趣的问题。

　　必须牢记两点。其一，近优解必须是可行的而且是精度许可的满意值。比如案例 5 中，"四舍五入"得到的绝对不是"近优解"（因为不可行），利用"截尾"方法似乎可靠些。生命维持系统、安全监控设备、大型设备的生产等，对非整数结果的小数取舍十分敏感。又如，以波音公司为规划主体而求解出来的非整数产量解,对于以千万甚至上亿美元计的产品,无论是对小数位的"舍"还是"入",都应当是十分慎重的。再如,某急救站经过规划研究得出,医用急救氧气存储量是14.04 瓶,对于这种性质的规划问题,14 瓶的取整值显然不是"最优解"。其二,如果整数规划中出现 0-1 变量,**绝对不可以**盲目地使用"四舍""五入""截尾"等一切近似办法对其取整。下节将集中篇幅开展 0-1 规划的讨论。

7.2　0-1 规划问题

案例 6:力浦公司产品按照集装箱单位生产的继续研究(二)

力浦公司经过对产品甲和乙以整箱单位的整数规划研究,确定了"甲、乙两种产品分别生产 23 和 22 箱"的结论。但是公司管理层考虑到海外市场的高风险性,决定对产品的最高产量进行限产,即在进入海外市场的创业期,一种或者两种产品的最高产量不超过 20 个单位的标准集装箱。现在公司面临的问题是:

问题 i:如果仅限制其中一种产品产量在 20 箱,那么限制哪种产品对公司利润影响最小?

问题 ii:如果对两种产品均进行上限是 20 箱的限产,那么全部限产行为的代价是多少?

7.2.1　0-1 规划的概况

研究 0-1 规划问题的直接原因是整数规划中出现了一类特殊的决策变量:0-1 变量(binary variable)。这种变量只能在 0 或者 1 两者之间取值,是一种特殊的整数变量,有时也称为"是非变量"(yes-or-no variable),或者"逻辑变量"。由于 0-1 变量的特殊性,整数规划研究中,往往把不含有 0-1 决策变量的纯整数规划和混合整数规划统称为一般整数规划(general integer programming)。而含有 0-1 决策变量的规划问题,也可以分成纯 0-1 整数规划和混合 0-1 整数规划。

无论是人工计算还是计算机运算,0-1 规划的求解要比一般整数规划容易一些。穷举法是 0-1 规划最常借助的工具。但是,0-1 规划的难点却不在如何实现算法,而是如何利用 0-1 变量的特殊性质,建立实用的 0-1 规划模型。

作为决策变量的 0-1 变量,在遇到实际决策问题中需要选择"是"时,取值 1;在需要选择"否"时,取值 0。读者在案例 2 中,实际上已经提前接触到了表示"是否投资"的 0-1 变量。该例中的这种 0-1 变量在实际规划问题中,是客观存在的决策变量,是一种显性的 0-1 变量。与显性 0-1 变量对应,还有一种隐性的 0-1 变量。

这种 0-1 变量出现在模型中,但并不是决策人员做出的决策变量,而是由规划模型自行安排的。这种隐含在模型中的 0-1 变量是一种隐性的 0-1 变量。隐性 0-1 变量对于建立模型的帮助很大,本节的案例 6 使用了"隐性 0-1 变量"。

请读者体会以下不同情况下,决策变量的逻辑关系的区别。例如有两个 0-1 变量 x_1 和 x_2,分别代表两个决策的指令状态,则:

$x_1 + x_2 = 0$,表示两者皆非;

$x_1 + x_2 = 1$,表示两者中有且只有一个许可;

$x_1 + x_2 = 2$,表示两者必须同时许可;

$x_1 + x_2 \leqslant 1$,表示两者至多一个许可,但不排除两者皆非的情况;

$x_1 + x_2 \geqslant 1$,表示两者至少一个许可,但不排除两者皆可的情况;

$x_1 + x_2 \leqslant 2$,表示两者可以以上述任何情况出现,实际上是同时放弃了对这两个逻辑变量的约束。

7.2.2 0-1 规划的电子表格建模和规划求解

(1)力浦公司限产的整数规划的建模和求解

案例 6 中的力浦公司的生产规划问题不但受到整箱生产的整数约束,而且面临限制产量的现实问题。对于案例 6 中的"问题 i",一个简明的办法是分别限制甲、乙的产量,单独计算后对比结果。试想,如果力浦公司生产的产品不是两种,而是 20 种的话,这种方法费力而且低效。既然 0-1 变量可以表达"非此即彼"的关系,下面的模型引入了作为"隐含决策变量"的 0-1 变量。

本节中,读者可以同时参考案例 5。案例 6 中增加了 C11 和 C12 两个变量单元格,分别由各自的 0-1 变量表示产品限产情况。C5 是限产的上限,而 E17 单元格通过(=C5+100 * C11)的算式,把是否限产的情况通过 0-1 变量 C11 表达出来。如果 C11 的逻辑值是 1(表示不限产),则 E17 在 22 的限产值上增加 100 单位。E17 上限的放宽,形成了事实上的"不限产"。如果 C11 的逻辑值是 0(表示限产),则 E17 就是限产值 22 单位。E18 同理处理。C20 单元格是甲、乙产品的两个限产逻辑变量的求和。如果该值等于 0,则两种产品均被限产;如等于 1,则有且仅有一种产品被限产;如果等于 2,则均没有被限产。E20 单元格作为限产逻辑约束单元格 C20 的约束值,可以按照实际要求人工修改该单元格数值。选择值是 0、1 或 2。

模型计算文件在 7-2. xlsx 中的 Sheet1、Sheet2 和 Sheet3 上。规划参数结果参考图 7-4。规划模型表格中单元格 E20 输入 2,此时模型求出对两种产品均不限产的整数规划结果(图 7-5)。显然这个结果与案例 5 的结果一致,即(x_1,x_2)=(23,22),最优值 202 万元。

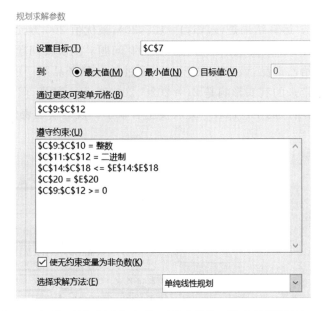

图 7-4 案例 6 的规划求解参数:两种产品均不限产的情况(Sheet1)

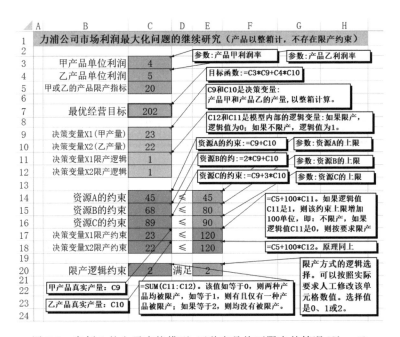

图 7-5 案例 6 的电子表格模型:两种产品均不限产的情况(Sheet1)

将 E20 修改成 1,即表示"有且仅有"一种产品限产。计算结果在 7-2. xlsx 中的 Sheet2 上。运算结果是 $(x_1, x_2) = (25, 20)$,最优值 200 万元。由于模型中的隐含 0-1 决策变量经过规划求解,案例 6 的"问题 i"的决策问题由模型自行完成:将"1"分配给乙产品,该产品限产 20。经过某一种产品限产(现在已经知道是乙),给公司带来的利润影响是 2($=202-200$)万元。可见,限制乙产品带来的利润下滑,由增产的甲产品在一定程度上补缺了。规划模型表格参考图 7-6。

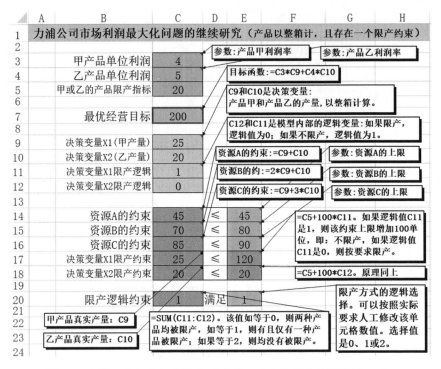

图 7-6　案例 6 的电子表格模型:其中某一种产品限产的情况(Sheet2)

将 E20 修改成 0,即表示两种产品均限产。计算结果在 7-2. xlsx 中的 Sheet3 上。运算结果是 $(x_1, x_2) = (20, 20)$,最优值 180 万元。案例 6 的"问题 ii"可以通过对比前两次规划求解的结果解决:全部限产情况相对自由生产情况,损失 22($=202-180$)万元,而相对仅限产一种产品情况,损失 20($=200-180$)万元。可见,全部限产的情况下,力浦公司已经完全失去产品互补的自由,机会损失增加很快。从另外一个角度回答"问题 ii":如果力浦公司遇到全部限产的情况,花费 22 万元以内的成本去突破产品甲的限产约束,是值得的。规划模型表格参考图 7-7。

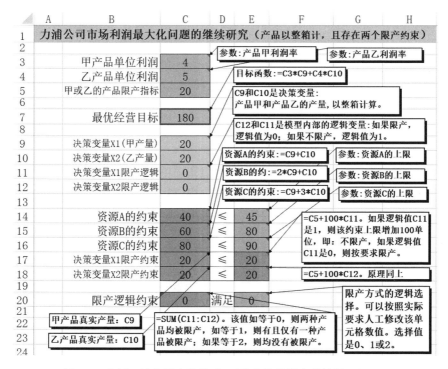

图 7-7 案例 6 的电子表格模型：两种产品均限产的情况（Sheet3）

（2）隐性决策变量与显性决策变量

上述案例中，产品是否限产的 0-1 决策变量作为隐性决策变量出现在模型中，是 Excel 建立模型过程中常用的技巧。隐性决策变量的引入，可以赋予规划模型更大的适用范围、更灵活的规划空间和更高的自动化程度。与显性决策变量相比，隐性决策变量更需要建模者对实际问题的深层次的理解和把握，隐性决策变量的使用体现了建模者的建模水平。0-1 变量常常作为隐性决策变量出现在不同的规划模型中，而不仅仅囿于 0-1 整数规划中，甚至可以这样说，在任何规划模型中，均可以结合实际情况大胆地使用这种有效的隐性决策变量。

7.3 指派问题

案例 7：教师分配教学任务的规划问题

某教研室有 4 名教师甲、乙、丙和丁，均有能力讲授 A、B、C 和 D 课程。由于经验上的原因，各位教师每周所需备课时间见表 7-1。教务部门的要求是：每一门课程由一位教师担任,同时每一位教师只担任一门课程的教学任务。请针对以下不同情况,给出教师整体备课时间最小的排课方案。

表 7-1 教师备课效率情况

备课时间	A	B	C	D
甲	4	17	15	6
乙	12	6	16	7
丙	11	16	18	15
丁	9	10	13	11

问题 i:首先按照教务部门的要求排课,暂时没有咨询各位教师的意见。

问题 ii:教师丙随后提出不担任课程 A 的教学任务的要求。

问题 iii:在问题 ii 基础上,该系研究决定由教师乙担任课程 A 的教学任务。

问题 iv:教师丁将外出进修。在问题 i 的条件下,暂时让某一门课停开。

问题 v:教师丁将外出进修。教务部门放宽课程与教师一一对应的要求,同意可以由甲、乙、丙三位教师中的某一位(注意:仅仅一位)同时担任 2 门课程的教学任务,从而避免了课程停开。

7.3.1 指派问题的一般模型

指派问题是一种"纯 0-1 整数规划",即所有的决策变量均为 0-1 变量。指派问题可以利用常规的单纯形法解决,但是由于特殊的逻辑结构,匈牙利籍数学家考尼格(D. Konig)提出的匈牙利算法可以有效地解决指派问题。平衡型的指派问题的一般模型是:

$$\min Z = \sum_{i=1}^{n} \sum_{j=1}^{n} c_{ij} x_{ij}$$

$$\text{s. t.} \begin{cases} \sum_{i=1}^{n} x_{ij} = 1, \ i = 1,2,\cdots,n \\ \sum_{j=1}^{n} x_{ij} = 1, \ j = 1,2,\cdots,n \\ x_{ij} = 1 \text{ 或 } 0 \end{cases}$$

鉴于上述模型的行和列方向上的批量求和为 1 的结构特征,在指派问题的电子表格模型中,建议将决策变量设计成矩阵的形式(案例 2 中,瑞福公司的投资决策也是按照这个思路设计的决策变量矩阵),同时行列方向上的约束条件也围绕着这个矩阵开展。

标准的指派问题具有以下特点：

※ 任务数与任务承担人数相同，即效率系数矩阵是个方阵，这是平衡型的指派问题的基本特点。

※ 每个任务只能由一个任务承担人完成。

※ 每个任务承担人只能完成一项任务。

※ 每个任务与每个任务承担人之间存在一个效率系数（一般情况是成本）。

※ 追求指派方案的总成本最小。

违背上述任一特点，都会带来指派问题的变形。本节将利用电子表格解决诸多变形的指派问题。另外，生产经营实践中很多指派规划问题并没有"任务"和"完成者"的概念，但是仍然能够归结到指派问题上来，请读者广义地理解指派问题中"任务"和"完成者"的概念。指派问题也是一种特殊的"运输问题"，请读者参考随后的第 8 章相关知识。

7.3.2　案例 7 问题 i 的建模和求解

模型计算文件在 7-3. xlsx 中的 sheet1 上，规划模型表格和规划参数结果参考图 7-8 和图 7-9。规划的结果是：甲—D，乙—B、丙—A 和丁—C，最少备课时间 36 单位。其中部分单元格的逻辑公式见图 7-10。

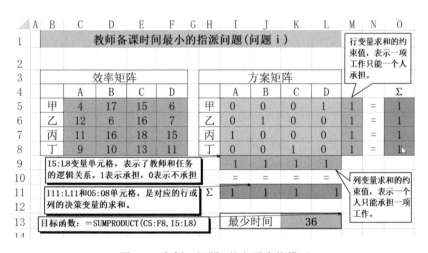

图 7-8　案例 7 问题 i 的电子表格模型

图 7-9　案例 7 问题 i 的规划求解参数

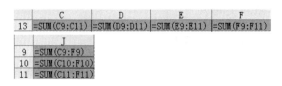

图 7-10　图 7-8 中的部分单元格的公式

7.3.3　案例 7 问题 ii 的建模和求解

模型计算文件在 7-3. xlsx 中的 Sheet2 上,规划参数结果和规划模型表格参考图 7-11 和图 7-12。在约束中增加了 I7＝0。规划的结果是:甲—A,乙—B、丙—D 和丁—C,最少备课时间 38 单位。

图 7-11　案例 7 问题 ii 的规划求解参数

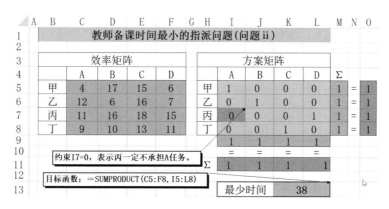

图 7-12　案例 7 问题 ii 的电子表格模型

7.3.4　案例 7 问题 iii 的建模和求解

模型计算文件在 7-3. xlsx 中的 Sheet3 上,规划参数结果和规划模型表格参考图 7-13 和图 7-14。在约束中增加了 I7＝0 和 I6＝1。规划的结果是:甲—D、乙—A、丙—C 和丁—B,最少备课时间 46 单位。

图 7-13　案例 7 问题 iii 的规划求解参数

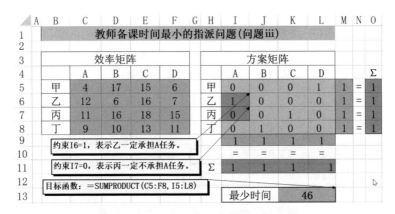

图 7-14　案例 7 问题 iii 的电子表格模型

7.3.5　案例 7 问题 iv 的建模和求解

由于教师丁不能参与任务的指派,因此问题成为不平衡的指派问题。模型计算文件在 7-3. xlsx 中的 Sheet4 上,规划参数结果和规划模型表格参考图 7-15 和图 7-16。规划的结果是:甲—D,乙—B、丙—A,最少备课时间 23 单位。课程 C 暂时无人承担。

图 7-15　案例 7 问题 iv 的规划求解参数

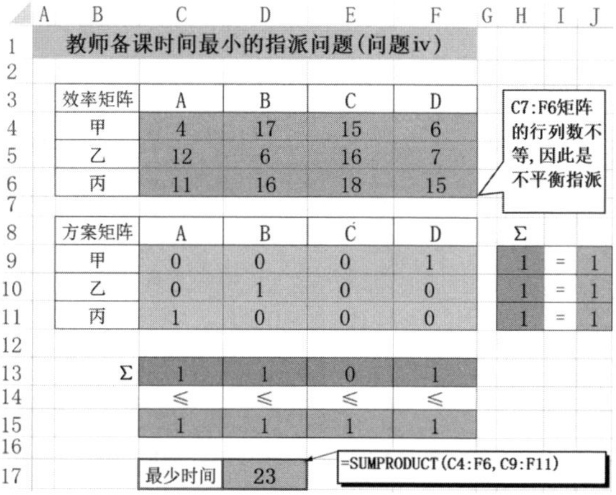

图 7-16 案例 7 问题 iv 的电子表格模型

7.3.6 案例 7 问题 v 的建模和求解

教师丁不能参与任务的指派,但是由于约束的放宽(允许某一位教师担任 2 门课程的教学),因此问题变成一种变形的指派问题。

对于问题 v 给出以下两种建模解法。

(1) 设置"虚拟人"

构造一个虚拟的教师,此人的效率值是完成相应任务的三人中的最小值。(请读者思考:为什么这个虚拟的人的效率值是三人中的最小值,而不是最大值?)虚拟人的出现,使得问题再次变成平衡的指派问题。模型计算文件在 7-3. xlsx 中的 Sheet5A 上,规划参数结果和规划模型表格参考图 7-17 和图 7-18。

图 7-17 案例 7 问题 v 的规划求解参数(利用虚拟人实现)

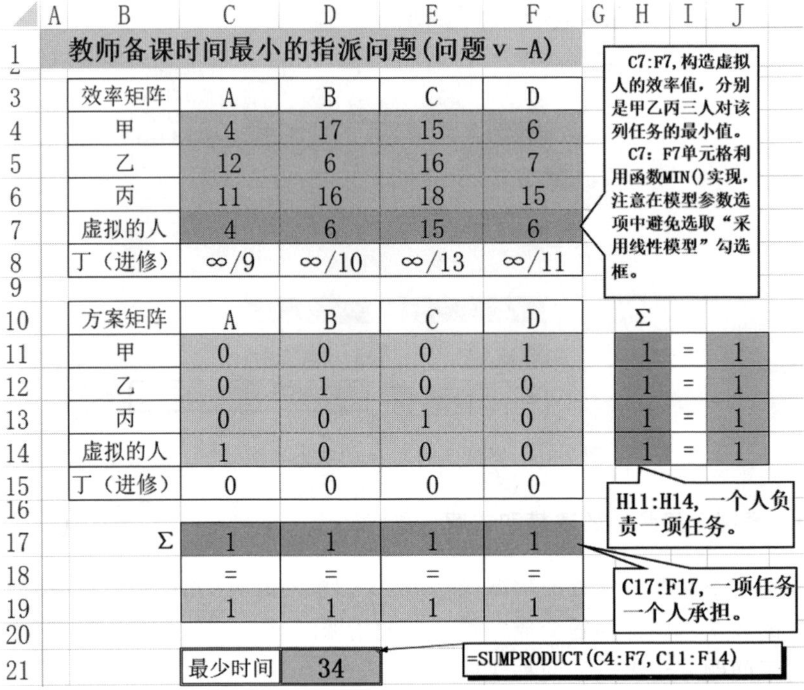

图 7-18 案例 7 问题 v 的电子表格模型(利用虚拟人实现)

规划的直接结果是:甲—D,乙—B、丙—C 和虚拟人—A,最少备课时间 34 单位。虚拟人承担课程 A 的效率值是 4,而 4 显然是教师甲提供的。因此,最终的指派方案是:甲—A 和 D,乙—B,丙—C。

图 7-18 的模型中,C4:F4 单元格中存在最小值函数 MIN(),例如,C7 利用 MIN(C4:C6)实现。"规划求解"计算过程中,认为这些函数为非线性关系,因此需要注意在模型参数选项中避免选取"采用线性模型"复选框。

(2)按照抽屉原则约束行方向的求和结果

比如教师甲,既可以单独承担一门课程,也可以同时承担两门课程。但是必须保证没有教师不承担课程,否则按照抽屉原则可知,至少有两位教师同时担任了两门课程。这个情况违背了教务部门的要求。模型计算文件在 7-3.xlsx 中的 Sheet5B 上,规划参数结果和规划模型表格参考图 7-19 和图 7-20。规划结果与第一种方法一致。

规划求解参数

图 7-19　案例 7 问题 v 的规划求解参数（利用抽屉原则实现）

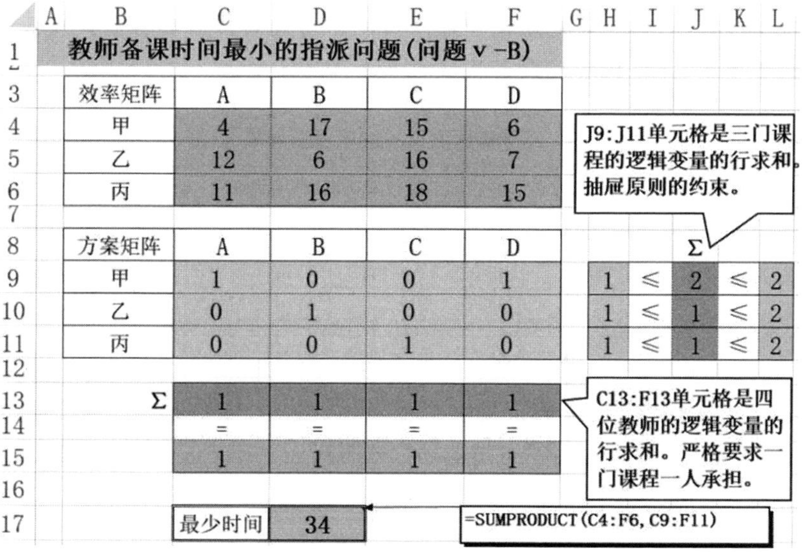

图 7-20　案例 7 问题 v 的电子表格模型（利用抽屉原则实现）

7.4 背包问题

案例8:加利公司风险投资(VC)的规划问题

加利公司是一家专门运作创业项目的风险投资机构。该公司现在有一项专门针对 5 年孵化期创业项目的专项资金投资计划:5 年中的每个年初的可支配风险投资分别是 25 万元、30 万元、40 万元、40 万元和 45 万元,合计 180 万元。公司内部的风险控制部门已经预先筛选了一个范畴,将有 10 个创业项目(均为 5 年期)可供选择投资。这些可选项目的投资要求和净回报率数据见表 7-2。所谓净回报率,是这些创业项目在考虑过所有成本后的超额资金回报率。显然,净回报率大于 0 的项目,均应该被公司作为投资对象。净回报额的计算,按照合同约定公式是:这个项目 5 年全部投资(在第 5 年末)乘以净回报率,即得到该项目的净回报。显然,这种约定不要求创业项目在 5 年期间的风险投资偿还本息,而是到了第 5 年末,一次返本付息。本例不考虑资金时间价值。

由于这种跨度长达 5 年的投资方案,加利公司必须考虑这种风险:一旦确定投资某项目,要求公司连续在 5 年中的每年年初按照合同规定额度注资。否则,就会造成公司违约,导致前期投资无法回收。请规划出该公司的最大投资净回报的投资方案,并给出实现最大收益的 5 年预算方案。

表 7-2   **公司备选项目的阶段投资详表**   单位:万元

年度	备选投资项目的分年度投资额度(精确到百元)										当年公司资金限额
	1	2	3	4	5	6	7	8	9	10	
第 1 年	3.56	1.45	2.57	1.16	3.27	8.00	1.41	3.66	1.40	5.42	25
第 2 年	3.56	2.91	5.13	3.49	2.61	8.00	2.83	1.83	2.80	5.42	30
第 3 年	3.56	4.36	7.70	5.82	1.96	8.00	4.24	0.92	5.60	5.42	40
第 4 年	3.56	5.81	5.13	8.15	1.31	8.00	5.65	1.83	2.80	5.42	40
第 5 年	3.56	7.27	2.57	10.48	0.65	8.00	7.07	3.66	5.60	5.42	45
净回报率	0.1	0.15	0.08	0.1	0.25	0.3	0.14	0.15	0.1	0.07	$\sum 180$

7.4.1 背包问题的一般模型

设想一个登山者在启程前整理背包,这个背包有个最大的承重限度。现在登山者打算在这个承重限度内尽可能装入不同的器材和备品,在各种装载方案中,登山者希望寻找一个总效用最大的方案。这就是整数规划中的一个重要应用分支——背包问题。

所谓的背包问题,实际上借用了背包的引申含义,把某个约束力量的上限作为一个想象中的"背包"的最大承载,而通过合理地装入以整数为单位的种种"物品",使得这个"背包"装载最大收益的物品集合。如果这个背包仅仅有一个所谓的上限(比如重量),则这个问题属于"一维背包"问题;如果有两个不同上限(比如重量和容积),则属于"二维背包"问题。k 维背包问题的一般模型是:

$$\max Z = \sum_{i=1}^{n} c_i x_i$$

$$\text{s. t.} \begin{cases} \sum_{i=1}^{n} w_{si} x_i \leqslant a_s \\ x_i \text{ 是正整数}, i = 1,2,\cdots,n \text{ 且 } s = 1,2,\cdots,k \end{cases}$$

背包问题的决策变量是正整数时,表示背包中可以重复装载同样的物品。如果整数为特殊的 0-1 变量,表示该种物品最多装载一个,或者不装载。i 是物品的种类,s 是约束的个数。

7.4.2　加利公司的背包问题模型

(1) 建模分析

由于背包问题可以以选择不同物品装载为阶段划分,所以多数背包问题可以用动态规划解决。本节不涉及这部分理论,仍用电子表格建立规划求解模型,并作为一个整数规划处理。

变量:由于 10 个备选项目均是赢利项目,因此公司希望这个 180 万元的"背包"尽可能高效地"装载"这些项目。对其中任意项目的投资决策,显然属于是或者非的判断,因此,这个问题的决策变量是 10 个 0-1 变量。如果把加利公司的这个 5 年的投资规划看作一个背包问题,我们会形象地看到:加利公司的"背包"的容量是总投资的上限 180 万元。

目标:加利公司的投资目标是在第 5 年末取得所有确定注资项目的投资回报总和的最大值。各项目理论上的投资回报,是通过 5 年的全部投资乘上合同约定的投资回报率而得到。

约束:除了规定了变量的 0-1 特性之外,现在的问题似乎是公司总投资的上限限制了公司对各个项目的选择,其实这并不是问题的关键。事实上,由于公司的投资是分成 5 个阶段投资的,每个阶段的年度投资总额才限制了公司对这 10 个赢利项目的取舍。只要其中某一年的年度投资总额没有达到当年项目的要求，加利公司的整体投资计划也就全盘失败。因此可以认识到：加利公司的这个背包是个 5 维的背包问题——每一年的年度投资总额满足当年各个项目的注资总额。易知，在满足了每一年的“小背包”实际投资不超过年度计划投资后，投资总额 180 万的“大背包”也一定不会超过上限。因此实际上这个“总投资约束”是自然而然成立的，没有必要画蛇添足地再次出现在“规划求解参数”对话中。

(2) 电子表格模型

模型计算文件在 7-4. xlsx 中，规划模型表格见图 7-21。规划求解参数和该电子表格中的区域名称见图 7-22 和图 7-23。

	B	C	D	E	F	G	H	I	J	K	L	M	N	O	P	Q
1	加利（ADDPROFIT）公司风险投资项目的规划（背包问题）															
2																
3		备选投资项目										投资情况				
4	（万元）	1	2	3	4	5	6	7	8	9	10	全额投资	投资限额		实际投资	投资余额
5	第1年	3.56	1.45	2.57	1.16	3.27	8.00	1.41	3.66	1.40	5.42	31.91	25	≥	22.12	2.88
6	第2年	3.56	2.91	5.13	3.49	2.61	8.00	2.83	1.83	2.80	5.42	38.58	30	≥	28.06	1.94
7	第3年	3.56	4.36	7.70	5.82	1.96	8.00	4.24	0.92	5.60	5.42	47.58	40	≥	35.40	4.60
8	第4年	3.56	5.81	5.13	8.15	1.31	8.00	5.65	1.83	2.80	5.42	47.67	40	≥	37.14	2.86
9	第5年	3.56	7.27	2.57	10.48	0.65	8.00	7.07	3.66	5.60	5.42	54.27	45	≥	44.48	0.52
10	每项目总投资	17.8	21.8	23.1	29.1	9.8	40	21.2	11.9	18.2	27.1	220.00	180.00	≥	167.20	12.80
11	收益率	0.1	0.15	0.08	0.1	0.25	0.3	0.14	0.15	0.1	0.07					
12	收益	1.78	3.27	1.848	2.91	2.45	12	2.968	1.785	1.82	1.897					
13	变量	0	1	0	1	1	1	1	0	1	1					
14																
15	最佳投资收益	27.315			万元											

目标函数：=SUMPRODUCT(收益，投资决策变量)

C13:L13逻辑决策变量。1表示全程投资该项目，0表示不投资。

每个项目的综合收益：=该项目总投资×相应收益率

P5:P9是每年约束条件，限制当年的项目投资总额不超过当年投资上限的限额

注释：表格中的灰色单元格是已知直接条件，白色单元格是间接计算得来，计算公式略。

图 7-21 案例 8 的电子表格模型和规划求解结果

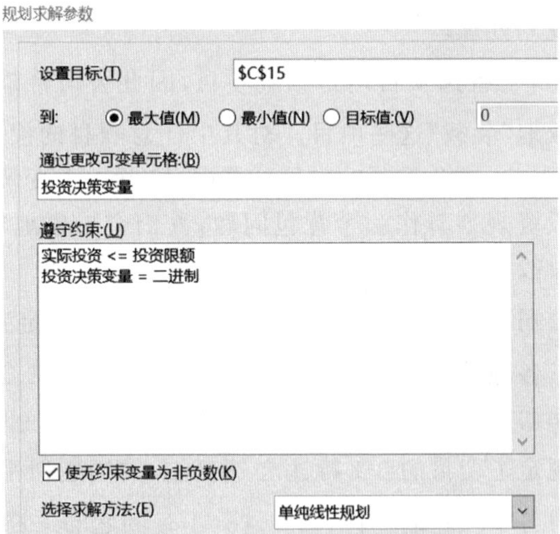

图 7-22 案例 8 的规划求解参数

名称	区域
第一年投资方案	=Sheet1!$C$5:$L$5
第二年投资方案	=Sheet1!$C$6:$L$6
第三年投资方案	=Sheet1!$C$7:$L$7
第四年投资方案	=Sheet1!$C$8:$L$8
第五年投资方案	=Sheet1!$C$9:$L$9
实际投资	=Sheet1!$P$5:$P$9
收益	=Sheet1!$C$12:$L$12
投资决策变量	=Sheet1!$C$13:$L$13
投资限额	=Sheet1!$N$5:$N$9
投资余额	=Sheet1!$Q$5:$G$9

图 7-23 案例 8 的电子表格中的区域名称

（3）规划结果

加利公司应当投资除项目 1、项目 3 和项目 8 之外的其他 7 个项目，并在 5 年后获得最大的风险投资回报 27.315 万元。实际总投资为 167.2 万元，剩余 12.8 万元。其他具体的年度投资数据参考图 7-21。

练习与巩固

1. 你在生活中遇到过带有整数变量的决策问题吗？结合实际问题，讨论"四舍五入"的处理办法给整数规划带来的影响。

2. 独立完成案例 5，掌握"规划求解"中实现整数约束的方法。请结合该例，验证图解法的求解结果，并讨论图解法在应对整数规划问题时的优势和缺点。

3. 独立完成案例 6，熟悉利用"0-1 变量"实现"或"和"且"等逻辑约束的方法和整数约束的方法。

4. 独立完成案例 7，掌握平衡型指派问题的建模规划步骤，进一步了解变形的指派问题的解决方法。

5. 背包问题的定义什么？广义的背包问题模型特征是什么？请列举几个实践中的背包问题并为其进行初步的规划模型设计。

6. 独立完成案例 8，掌握多维背包问题的建模方法和步骤。

7. 你注意到案例 8 的结果存在改进之处吗？请在案例 8 的模型上寻找并完成改进，对比改进后的结果和方案差异。改进后的电子表格模型参考电子文档 7-4-pro.xlsx。

第 8 章 运 输 问 题

8.1 运输问题的基本概念

8.1.1 运输问题及其模型

运输行为是生产过程中的重要环节。运输对象在空间上的位移,也是一种创造效益的活动。很多学科对运输问题都有专门的研究,而运筹学研究领域中的运输问题,则主要是研究单一的运输对象在运输费率确定的运输网络中的整体配送效率问题。

运输问题的数学描述是:某种物资有 m 个产地 A_i,各产地产量是 $a_i (i=1,2,\cdots,m)$;有 n 个销地 B_j,各销地销量是 $b_j (j=1,2,\cdots,n)$。产地 A_i 与销地 B_j 之间的运输费率是 c_{ij}。如何合理安排运量,在满足产销关系的前提下达到总运输成本最小?

如果运输问题中的总产量恰等于总销量 $\left(\sum\limits_{i=1}^{m} a_i = \sum\limits_{j=1}^{n} b_j\right)$,则为平衡型的运输问题。

模型是:

$$\min Z = \sum_{i=1}^{m} \sum_{j=1}^{n} c_{ij} x_{ij}$$

$$\text{s. t.} \begin{cases} \sum\limits_{i=1}^{m} x_{ij} = b_j,\ j = 1,2,\cdots,n \\ \sum\limits_{j=1}^{n} x_{ij} = a_i,\ i = 1,2,\cdots,m \\ x_{ij} \geqslant 0 \end{cases}$$

上述模型的约束条件为 $(m+n)$ 个。由于存在等式平衡关系,可以证明上述模型中的 $(m+n)$ 个约束条件中,有且只有一个冗余的约束。也就是说,只要该问题中的 a_i 和 b_j 没有出现 0 值的情况,约束条件构成的系数矩阵 A_{ij} 的行秩就等于 $(m+n-1)$。运输模型与第 7 章的指派问题的数学模型十分类似。事实上,指派问题是一种特殊的运输问题,只不过在指派问题中"运输"的"物品"是

"指派指令",即 0-1 变量。因此,本章的电子表格模型与指派问题的模型有很多地方是可以互相借鉴的。

8.1.2 不平衡运输问题的讨论

(1)"供不应求"和"供大于求"的运输问题模型

当运输模型中存在运输总量不等式 $\sum_{i=1}^{m} a_i < \sum_{j=1}^{n} b_j$ 或 $\sum_{i=1}^{m} a_i > \sum_{j=1}^{n} b_j$ 时,分别称为供不应求或供大于求的不平衡运输问题。

平衡运输问题的理论解法是运输表上作业法。不平衡的运输问题在使用运输作业表时,可以通过虚拟"产地"或"销地",把不平衡运输问题转换成平衡问题来处理。由于 Excel 的"规划求解"功能对约束的输入比较灵活,因此建模者在处理不平衡运输问题时,虚拟地点的设置并不必要出现。

上述产销平衡关系的不等式应用在运输规划问题时可以分别写成以下数学模型:

$$\min Z = \sum_{i=1}^{m} \sum_{j=1}^{n} c_{ij} x_{ij} \qquad\qquad \min Z = \sum_{i=1}^{m} \sum_{j=1}^{n} c_{ij} x_{ij}$$

$$\text{s. t.} \begin{cases} \sum_{i=1}^{m} x_{ij} \leqslant b_j, \ j=1,2,\cdots,n \\ \sum_{j=1}^{n} x_{ij} = a_i, \ i=1,2,\cdots,m \\ x_{ij} \geqslant 0 \end{cases} \text{或 s. t.} \begin{cases} \sum_{i=1}^{m} x_{ij} = b_j, \ j=1,2,\cdots,n \\ \sum_{j=1}^{n} x_{ij} \leqslant a_i, \ i=1,2,\cdots,m \\ x_{ij} \geqslant 0 \end{cases}$$

(2)不平衡运输模型"前提不完备"问题

在运输总量不等式与运输问题数学模型的互化过程时,上文强调了应用在运输规划问题的成立条件,事实上,严格地数学互化并不是完全等价的。看下面的约束例子:

某运输问题的总供给量是 13(=6+7),总需求量是 10(=5+5)。因此这是一个"供大于求"的运输问题。假设存在以下一个运输方案,而且数学模型的约束是:

产地	销地		产量
	B_1	B_2	
A_1	4	3	6
A_2	1	2	7
销量	5	5	

$$\text{s. t.} \begin{cases} 4+3 \geqslant 6 \\ 1+2 \leqslant 7 \\ 4+1 = 5 \\ 3+2 = 5 \end{cases}$$

显然上述约束并不完全符合所有产地均"供大于求"的运输模型形式,其中产地 A_1 的情况却是"供不应求",但是整个运输系统仍旧是"供大于求"。上述模型"在数学意义上"并没有破坏"总供给大于总需求"的关系不等式。也就是说,从不平衡的运输模型可以得到整体运输问题的供需状况,但是却不能从整体运输问题推导还原出各个产地和销地的供需状况。这个例子提醒我们:在整体上"供大于求"的运输系统里,也可能存在个别产销地"供不应求"的情况。因此,严格地说,运输系统的整体不平衡关系特征不能进一步得到每个产地(或者销地)同样的特征。也就是说,整体"供不应求"的运输体系中,可能仍会有部分产地的产品销售不完;而整体"供大于求"的另一种运输体系中,也可能会有部分销地的需求得不到完全满足。这个情况在现实中是常见的。

(3) 维持上述情况"不完备但正确"的手段

然而,上面的两个运输模型虽然不完备,但是并未出错。原因在于有一些隐含的条件保证(或者预先处理)上述命题。以整体"供大于求"的运输系统为例,这个隐含条件是:在这种运输规划问题中,不允许出现"供不应求"的"不合理"的单独约束条件。一旦出现,运输系统的规划者拥有充分的能力将这些"大于"形式的约束条件,通过运输网络调配转换成"等于"甚至"小于"形式的约束条件。可以形象地描述:由于规划者的预先干预,在不平衡的运输网络中,进入到运筹规划前的模型状态不会存在"不合理"形式的约束条件。

仍旧以上述例子作进一步分析,假设现在这个运输系统的规划决策者已经发现了不合理问题:在整体"供大于求"的系统下,产地 A_1"供不应求"的情况显然是"不合理"的。A_1 的 1 个单位产品的缺口可以转给 A_2 来生产。于是 A_1 产品销售得以平衡,而 A_2 的销售压力也得到缓解,由原来的销售 3 剩余 4,变成现在的销售 4 而剩余 3。问题表现在以下的模型中。

产地	销地		产量
	B_1	B_2	
A_1	$4-1$	3	6
A_2	$1+1$	2	7
销量	5	5	

$$\text{s. t.} \begin{cases} 3+3=6 \\ 2+2\leqslant 7 \\ 3+2=5 \\ 3+2=5 \end{cases}$$

(4) 运输问题的拓展思考

① 运输问题的条件前提是什么?

一个接受规划的运输系统必须是信息完备的系统,规划者必须掌握运输系统各个结点的实际情况。不能完全达到这一要求,不平衡运输问题的模型都未必能统一起来,更不用说规划求解了。所以,对于运输系统(当然也包括其他广义的运输系统)而言,存在一个处于所有运输主体(比如产地、中转商、销地等)之上而且信息完全的规划者是十分必要的。从这个角度上思考运输问题,单纯用市场力量来调节运输体系,往往不会得到系统最优的结果。因此可以这样认为:在一个规划者信息掌握不完全的运输网络中,整体运输网络的供需态势也许并不能用于描述个体运输结点的状态。另外,还有一个隐含的前提,就是运输问题中,已经默认各个结点之间的运输能力是无限的。如果某些结点之间的运输状态有另外的限制,则可以在约束条件中单独列出,或者进一步说,需要修改"规划求解"对话框中的约束条件。

② 是否存在以下供需约束均未饱和的可能? 不可能的原因是什么?

$$\min Z = \sum_{i=1}^{m} \sum_{j=1}^{n} c_{ij} x_{ij}$$

$$\text{s. t.} \begin{cases} \sum_{i=1}^{m} x_{ij} \leqslant b_j, \ j = 1, 2, \cdots, n \\ \sum_{j=1}^{n} x_{ij} \leqslant a_i, \ i = 1, 2, \cdots, m \\ x_{ij} \geqslant 0 \end{cases}$$

运输问题有一个常识性的假设:运输网络仅仅会遇到三种市场状况——供需平衡、供不应求和供过于求三种运输问题。上述模型是一个违背现实逻辑的扭曲模型。

对于上述供需约束均未饱和的情况,应当将 $\sum_{i=1}^{m} a_i$ 和 $\sum_{j}^{n} b_j$ 中的较小的约束组写成等式形式的约束平衡式。事实上,即便利用"规划求解"直接解决这个扭曲的运输模型,其结果也一定是:较小的约束组的所有约束条件均达到约束值的上限,实际上就是这组约束条件的所有的"$\leqslant$"在"$=$"成立。

③ 任何运输问题一定存在最优解吗? 为什么?

对于某个规划问题,显然不能做出"一定存在最优解"的判断。但是对于运输问题而言,这个最优解存在性的判断却是正确的。我们按照以下思路依次得到:

首先,任何运输问题都可以利用增加虚拟产地或者销地的手段,转化成平衡型的运输问题。平衡后的运输量是

$$Q = \sum a_i = \sum b_j$$

其次,常识告诉我们,运输问题无论是求最小运输成本还是最大运输收入,都不会是无穷大的结果。也就是说,运输问题的最优值一定是一个在 0 和某个上限之间的有界值。

最后,我们可以设计一个特殊的可行方案,让任意产地和销地之间的运输量为:

$$x_{ij} = \frac{a_i b_j}{Q}$$

易知,这个可行方案满足了所有产地和销地的各自供需要求。这是最关键的一个判断信息,也就是说,运输问题一定存在可行域。因此,对于一个存在可行域的而且最优值有界的规划问题,一定存在可以达到某个最优值的至少一个最优解方案。因此在规划领域里,运输问题通常都存在可行解和最优解。

8.2 运输问题的建模和求解

案例9:光明早餐配送公司最小成本运输方案的制定

光明公司是一家专门提供盒装早餐配送的企业,现在该公司的经营方式是通过全市不同位置的 3 个生产车间(代码为 $Ai, i=1,2,3$)为 4 个配送站(代码为 $Bj, j=1,2,3,4$)提供质量一致的早餐。光明公司现在拥有自己的运输车队,并在每天 4 点前必须完成所有的配送业务。各车间的产量、各配送点的需求量,以及之间单位产品的运输成本情况见表8-1。请帮助光明公司针对以下不同情况,合理规划出运输成本最小的配送方案。

表 8-1　　　　　　　　　光明公司运价和产销情况　　　　　运价单位:百元

	B1	B2	B3	B4	生产量
A1	4	8	8	4	6
A2	9	5	6	3	4
A3	3	11	4	2	12
需求量	6	2	7	7	合计:22

问题 i:正常状况下的最少运输成本是多少?

问题 ii:若 A2 产品不许运往 B2,且 B3 不允许超过 1.5 个单位。最少成本如何变化?

问题 iii:若 A3 因扩建施工停止生产,需求量由其他车间扩大加班生产来尽量满足(A1 生产 11 个单位,A2 生产 8 个单位)。这种非常情况下的运输方案将如何安排?

问题 iv:若公司采用灵活的配送方式,即不但增加了 4 个中转点(代码 Tk,

k＝1,2,3,4),还同意了车间、中转点和配送点之间开展转运(个别特殊规定除外)。中转点开始运作后的单位运输成本情况见表 8-2。那么采取这种方式后,是否有新的成本变化?

表 8-2　　　　　　　　　**增加转运点后的光明公司运价表**　　　运价单位:百元

	A1	A2	A3	T1	T2	T3	T4	B1	B2	B3
A2	2									
A3	4	禁止								
T1	3	5	1							
T2	2	3	不通	3						
T3	2	禁止	3	2	1					
T4	4	3	2	1	2	4				
B1	4	9	6	2	4	1	1			
B2	8	5	11	8	5	8	不通	3		
B3	8	6	4	4	2	2	2	4	1	
B4	4	3	2	6	7	4	6	1	2	3

8.2.1　平衡运输问题的建模与求解

对于问题 i,光明公司的产量和配送量(即需求量)均是 22 个单位,是典型的平衡运输问题。由于问题变量结构是行列形式的矩阵结构,因此电子表格模型类似于第 7 章已经介绍的 0-1 规划模型。模型计算文件在 8-1.xlsx 中,规划模型表格和规划参数结果参考图 8-1 和图 8-2。

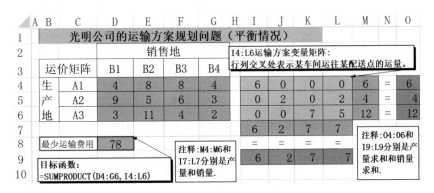

图 8-1　案例 9 问题 i 的电子表格模型(平衡情况)

规划的结果是:运输方案见图 8-1 的变量区域 I4:L6,该运输方案的最小运输成本是 7800 元。

图 8-2　案例 9 问题 i 的规划求解参数（平衡情况）

8.2.2　包含特殊要求的平衡运输问题的建模与求解

对于问题 ii，光明公司的产量和配送量的平衡仍旧维持，但是增加了"A2 产品不许运往 B2"和"B3 不允许超过 1.5 个单位"的约束条件。如果在常规的运输表上作业法中，这种约束会给运算带来不少麻烦。但在电子表格模型中，可以通过简单的"规划求解"参数对话便捷实现。

模型计算文件在 8-2.xlsx 中，规划模型表格和规划参数结果参考图 8-3 和图 8-4。规划求解参数对话框中添加了"J5＝0"和"L5≤＝1.5"。

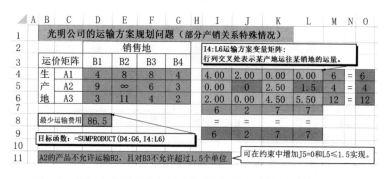

图 8-3　案例 9 问题 ii 的电子表格模型（部分产销关系特殊情况）

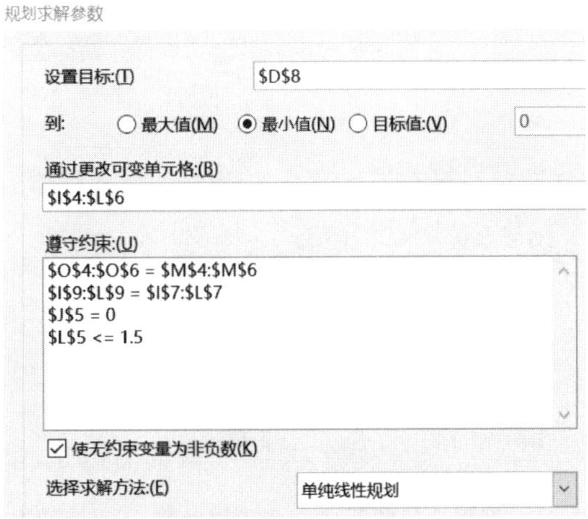

规划求解参数

设置目标(T): $D$8

到: ○ 最大值(M) ● 最小值(N) ○ 目标值(V) 0

通过更改可变单元格(B):
$I$4:$L$6

遵守约束(U):
$O$4:$O$6 = $M$4:$M$6
$I$9:$L$9 = $I$7:$L$7
$J$5 = 0
$L$5 <= 1.5

☑ 使无约束变量为非负数(K)

选择求解方法(E): 单纯线性规划

图 8-4 案例 9 问题 ii 的规划求解参数
（部分产销关系特殊情况）

规划的结果是：运输方案见图 8-3 的变量区域，该运输方案的最小运输成本是 8650 元。由于在原有问题上增加了新的约束，运输成本的增加是意料之中的事情。

8.2.3 不平衡运输问题的建模与求解

对于问题 iii，光明公司的产量和配送量的平衡被打破。由于总产量为 19，不能满足配送需求量 22，因此属于"供不应求"的运输系统。结合前面对不平衡问题的分析，建立的模型计算文件在 8-3.xlsx 中，规划模型表格和规划参数结果参考图 8-5 和图 8-6。

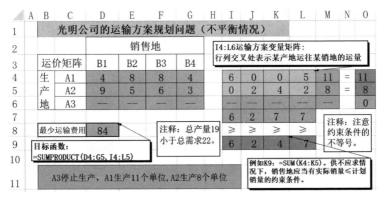

图 8-5 案例 9 问题 iii 的电子表格模型（不平衡情况）

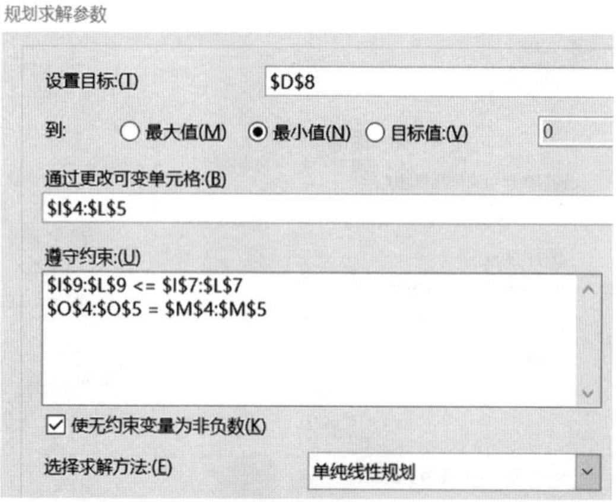

规划求解参数

| 设置目标(T) | $D$8 |

到： ○ 最大值(M)　● 最小值(N)　○ 目标值(V)　　　0

通过更改可变单元格(B)：

$I$4:$L$5

遵守约束(U)：

$I$9:$L$9 <= $I$7:$L$7
$O$4:$O$5 = $M$4:$M$5

☑ 使无约束变量为非负数(K)

选择求解方法(E)：　　　单纯线性规划

图 8-6　案例 9 问题 iii 的规划求解参数（不平衡情况）

　　规划的结果是：运输方案见图 8-5 的变量区域，该运输方案的最小运输成本是 8400 元。配送点 B3 实际得到 4 个单位运量，缺口 3 个单位。

　　问题 iii 也可以用设置"虚拟产地"的方法进行求解。假设问题 iii 中的产地 A3"仍旧在生产"，而且"产量"恰是供需缺口 3 个单位。由于 A3 并没有真正生产，所以与 A3 关联的运输单位成本均为 0。请读者在 8-3. xlsx 的电子模型上，按照增加"虚拟产地"的方法修改模型，观察规划结果的异同，体会将不平衡运输问题转换成平衡运输问题的思路。

8.2.4　转运运输问题的建模与求解

　　（1）转运的定义

　　所谓转运，就是运输网络中的物品，并不一定直接从产地运输到销地，而是通过其他结点周转后间接运达销地。带有转运的运输问题具有以下特征：通常存在中转点，这些点在运输网络中既不生产也不消耗运输的物品；可以在网络中的任何两个结点之间产生运输行为，甚至允许销地往产地反向运输。

　　（2）转运运输问题的理解

　　图 8-7（a）表示 2 个产地、2 个销地的无转运网络，图 8-7（b）表示在图 8-7（a）的基础上增加一个中转点并且允许转运后的网络。显然，对于 m 个产地和 n 个销地的运输问题，可以存在 $m \times n$ 个点对点的运输关系，而允许转运并出现 s 个中转点的情况下，点对点的运输关系成了 $(m+n+s)^2$ 个。图 8-7（b）中，理论上存在 25 条有向的运输关系。

　　值得注意的是，转运运输问题中的任何一个结点，都存在一个从自身出发到自身结束的虚拟运输关系。例如图 8-7(b)中的虚线,但是需要注意的是:这些虚线只能出现一个方向的可能。这个关系在现实运输行为中并不存在,但是对于解决转运问题的规划计算是必要的。这个虚线代表的运输关系,由于本身没有实际的运输行为,所以单位运价为 0,即当下标 $i=j$ 时,$C_{ij}=0$。

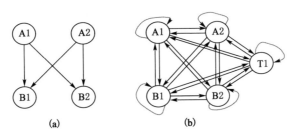

图 8-7　没有转运关系和允许转运关系的运输网络对比

(3)将转运运输问题转化成普通运输问题

现在单独考察转运运输问题上的任意一点,见图 8-8。这个结点所有流出的运量总和减去所有流入的运量总和的差值符合以下特点:当该结点是生产地时,差值等于该点产量;当该结点是销售地时,差值等于负的销量;当该结点是中转点时,差值为 0。

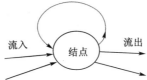

图 8-8　包含虚拟回路的某结点运输流量示意

为了构造一个平衡的运输问题,现在将所有的结点(产地、销地和中转地)打破生产地或销地的狭义概念,同时作为广义的"发送地"和"接收地"构造一个行列均是 $(m+n+s)$ 个结点的运输效率矩阵,以及同样阶数的运输方案矩阵。由此可见,转运运输问题的决策变量是 $(m+n+s)^2$ 个。

(4)"发送地"的发送量和"接收地"的接收量的确定

假设所有产地的产量和等于所有销地的销量和,为 Q。

将原本是产地的发送量设置成 $Q+a_i$,中转点和销地的发送量设置成 Q。

将原本是销地的接收量设置成 $Q+b_j$,中转点和产地的接收量设置成 Q。

以中转点为例来理解上述赋值的根据:对于某中转结点,一个极限的状态可能是流入或者流出的最大运输流量恰恰是 Q。一方面,如果超过了这个数,说明一定存在某批货物通过这个中转结点两次。这显然是不经济而且不必要的。但是如果将这个点按照最大情况赋予 Q 流量，但在实际规划问题中达不到，那么这个差值由图 8-8 中的虚线回路来完成。不妨想象存在一个虚拟的运输量，在这个单位运输成本为 0 的自身回路上"运输"，使得该中转点的发送量和接受量始终保持 Q 的定值。例如，从图 8-9 中的规划结果可以读出以下的周转信息：T4 实际周转 7 个单位，这 7 个单位，来自 A3（单元格 I19），经 T4 周转后，发向 B3（单元格 L23）；而为了"配平"T4 点周转 22 的单位，其中有 15 个单位的运输虚拟发生在 T4 自身的"回路"上（单元格 I23）。另一方面，如果不到这个数，则存在这样一种可能：万一所有的运量 Q 确实通过了这个结点，则模型没有考虑到这种极端特殊的情况而出错。因此，综上所述，中转结点的发送量和接收量均应是 Q。确定发送点和接收点的量的原理同上，请读者自己理解。

（5）转运运输问题的电子表格模型

对于问题 iv，模型计算文件在 8-4.xlsx 中，模型表格和规划参数结果参考图 8-9 和图 8-10。

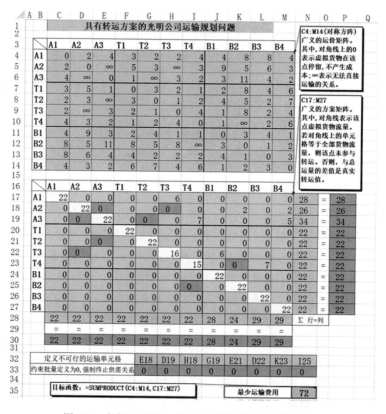

图 8-9　案例 9 问题 iv 的电子表格模型（转运情况）

图 8-10　案例 9 问题 iv 的规划求解参数（转运情况）

　　这个模型需要专门说明的是：该运输网络里面存在很多不能产生运输行为的结点，在运价表上体现为运输成本的无穷大。然而，计算机程序识别正无穷（＋∞）是困难的，因此，不妨换个角度思考——凡是存在正无穷的运输关系，在现实中等价于将相应运量单元格设为 0，即强制禁止两个结点之间的供需关系。由于这些需要作为约束条件设置为 0 的单元格在电子表格上比较分散，为了批量实现约束输入操作，图 8-9 中的 32 行和 33 行，将运量矩阵中的这些可变单元格集中起来，并构造了相等的逻辑关系。例如 G32 单元格中，输入"＝E18"。将模型上的约束条件尽量做到"批量"操作，是建模者需要逐渐培养的一个基础能力，希望本例的这种操作技巧能对读者有所启发。在其他遇到"无穷"或者"大M"的场合，不妨考虑这种处理手段的可行性。

　　规划的结果是：运输方案见图 8-9 的变量区域，该运输方案的最小运输成本是 7200 元。与没有转运的问题 i 相比较，转运发生在 A1→T3→B1 之间的 6 个单位、A3→T4→B3 之间的 7 个单位。问题 i 中的 A1 生产的 6 个单位直接运输到 B1（运输费率 4 百元/单位），而问题 iv 经由 T3 周转到 B1（运输费率 2＋1＝3 百元/单位），节省了 6 百元。问题 i 中的 A3 生产的 7 个单位直接运输到 B3（运输费率 4 百元/单位），而问题 iv 经由 T4 周转到 B3（运输费率 2＋2＝4 百元/单位），没有节省。因此，问题 iv 最小成本相对没有转运的问题 i，每天总计节省 600 元。对于光明公司而言，如果增加的 4 个中转站的每天运营成本不超过 600 元,实施转运运输方案的决策是可行的。

通常来讲,在原始运输价格不变的情况下,在运输网络上增加转运结点,重新规划后的运输总成本不会超过原总成本。是因为增加转运结点和转运条件,实际上不是"紧缩"而是"放松"了对原运输规划问题的整体约束,所以带来了系统"优化"的机会。

8.3　运输问题的拓展应用

案例 10:京华公司一季度综合生产运作方案的规划问题

京华公司是一家生产数控车床的高科技企业,公司现在已经与另外一家企业签订了一份为期 3 个月的产品合同,涉及京华公司的甲、乙两种车床,合同要求第一季度的 3 个月中,每月交付车床 8 台,其中一月份甲交付 5 台、乙 3 台;二月份甲交付 3 台、乙 5 台;三月份交付甲、乙各 4 台。京华公司通常主要由自己本厂生产两种车床,但是在一些能力紧张的情况下,也可以将产品外包生产,以满足合同。生产能力和成本情况见表 8-3,表中的"最大能力"是指当月某种生产方式生产两种车床的总能力。

表 8-3　　　　　　京华公司生产数据表

月份	厂内生产			外包生产		
	甲车床成本	乙车床成本	最大能力	甲车床成本	乙车床成本	最大能力
一月	15	16	10	18	20	3
二月	17	15	8	20	18	2
三月	19	17	10	18	18	3

注:成本单位千元,生产单位台。

京华公司决策层发现:无论是厂内生产还是任务外包,第一季度的制造成本逐月上升,于是感到每月生产当月合同数量可能不是使成本最小的生产方式。公司现在试图寻找一种生产方式,提前将车床制造出来并作为成品库存,以满足后期的月度合同。当前每台车床的每月库存保管费用是 1 千元。

请合理规划京华公司的月度生产计划,使得在确保整个第一季度合同兑现的前提下综合成本最小。

8.3.1　问题的分析

我们现在将京华公司的月度计划研究拓展到运输问题上来研究。上述案例中，三个"变形"掩盖了这个"运输问题"的本质形式：一是存在两种产品，而常规运输问题往往是针对一种运输对象的；二是不在同一时点，而常规运输问题是同一时间段内的规划，往往不涉及时间问题；三是生产成本和库存成本同时影响总成本，而常规运输问题只有一个运输费率因素。

运输问题的一般特征是一组"产地"和一组"销地"之间的同一种"物品"流动。对于京华公司的上述案例，不妨作以下理解："物品"就是车床，虽然存在甲、乙两种产品，我们可以理解成不同的运输路径，从而统一到一个"运输网络"中。"产地"是不同月份的厂内和外包结点，"产量"是这些结点各自的生产能力。"销地"是公司在不同月份能提供的甲产品和乙产品的数量，"销量"是这些结点的合同额。这些拓展理解后的"产地"和"销地"之间的运输费率必须间接计算得出。比如一月份的厂内生产的 1 台甲车床，在三月份交付合同方的成本是一月生产成本 15 千元，再加上库存两个月的成本 2 千元，合计 17 千元。再如二月份外包生产的 1 台乙车床，在本月交付的成本是 18 千元，而到三月份交付的成本是 18 千元再加上 1 千元的库存成本，合计 19 千元。需要注意的是，由于时间的不可逆性，不可能出现大月份生产的产品去满足小月份的合同要求，因此这种不可逆的逻辑关系在"运输费率表"上，表现为正无穷的"运价"。

8.3.2 模型的建立

变量：经过上述分析可知，京华公司的"产地"有六个，即：一月份厂内生产、一月份外包生产、二月份厂内生产、二月份外包生产、三月份厂内生产、三月份外包生产。"销地"有六个，即：一月份厂内生产的合同交付、一月份外包生产的合同交付、二月份厂内生产的合同交付、二月份外包生产的合同交付、三月份厂内生产的合同交付、三月份外包生产的合同交付。因此，需要 $6×6=36$ 个变量单元格分别表示实际生产值。

目标：通过合理的提前超额生产，利用成品库存，避开后期的成本上涨带来的综合成本增加，使得最终的公司总成本最小。

约束：每个月份的厂内生产和外包生产的实际生产不超过对应的生产能力；每个月份的甲产品和乙产品的实际生产严格等于合同值。由于生产能力大于合同值，属于"供大于求"的不平衡运输问题。与前面的案例 9 类似，这个模型中也存在很多正无穷的"运价"，考虑到计算机对"无穷大"识别的困难，该例中仍旧利用了强制正无穷运价时运量为 0 的思路。

8.3.3 电子表格和约束参数

建立的模型计算文件在 8-5.xlsx 中,规划参数结果和规划模型表格参考图 8-11 和图 8-12。

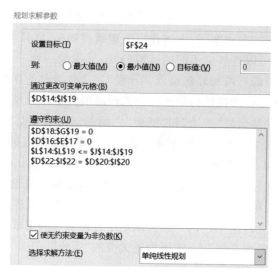

图 8-11 案例 10 的规划求解参数

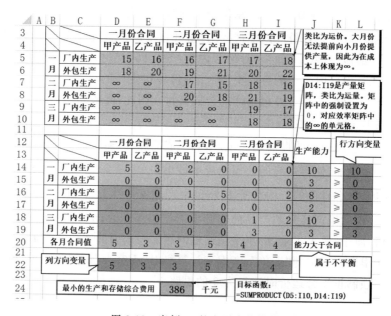

图 8-12 案例 10 的电子表格模型

8.3.4　规划结果(此例有多重解,以下为另一个最优生产方案)

一月份,厂内生产甲产品 7 台,乙产品 3 台。不需要外包生产。

二月份,厂内生产甲产品 2 台,乙产品 6 台。不需要外包生产。

三月份,厂内生产乙产品 3 台。需要外包生产甲产品 3 台。

一月份合同:甲产品的 5 台由当月产品交付,乙产品的 3 台由当月产品交付。

二月份合同:甲产品的 3 台由当月产品交付 2 台,并调用一月份生产的库存 1 台。乙产品的 5 台由当月产品交付。

三月份合同:甲产品的 4 台由当月产品外包交付 3 台,并调用一月份生产的库存 1 台。乙产品的 4 台由当月产品交付 3 台,并调用二月份生产的库存 1 台。

上述生产月度计划是最佳方案,综合成本是 38.6 万元。

练习与巩固

1. 运输问题的定义是什么? 平衡型运输问题模型的特征是什么? 不平衡运输问题的解决方法有哪些?

2. 回顾案例 7 的指派问题,为什么说指派问题就是一个特殊的运输问题?

3. 独立完成案例 9,掌握解决平衡运输问题、不平衡运输问题以及存在特殊约束的运输问题的规划求解方法。

4. 理解案例 9 中的转运问题的特征和建模原理。你是如何理解"发送地"的发送量和"接收地"的接收量的确定依据的?

5. 独立完成案例 10,进一步拓展运输问题的思路,学会利用运输问题的原理,解决广义的运输规划问题。该例中的运输对象是什么?"产地"和"销地"又是什么? 为何属于"供大于求"的运输问题?

第9章 网络分析与网络规划

9.1 网络模型的基本概念

图具有简洁、清晰和信息含量大等优点,一些用语言或者代数描述相对麻烦的问题,可以用"点"和"边"的集合做出简洁的逻辑关系图。大量的管理实践问题常常可以用图形表示。生产供给、交通运输、城市规划、网线布置、物资调配、人事安排、信息流程、资金运作、项目管理等,都可以用适当的图形来进行抽象模拟。本章要研究的"图"(graph)与几何学研究的图形不同,我们着重关心点和边的"逻辑关系",而不是"具体形状"。作为运筹学重要分支的图论(graph theory),专门研究这方面的内容。

然而在实际问题中,仅用表达逻辑关系的"图"还是不够的,与"图"联系在一起的通常还有与点或者边有关的数量指标,就是"权"的概念。"权"可以表示距离、费用、收益、容量等。带有权重信息的图,称为网络。

运筹学理论研究中,解决网络问题的优秀模型算法很多。网络模型可以解决很多实际问题。事实上,前面章节中的很多问题,可以借助网络的手段进行描述和解决。本章将利用电子表格建模的方法,解决网络分析领域的最短路问题、最大流问题、最小费用流问题及网络计划技术方面的关键路径问题。

9.2 最短路问题

案例 11:搬家公司的最近路程安排

某搬家公司负责一户人家的搬家业务,从出发点 V1 到新居 V7 之间的各段路径距离见图 9-1(单位:km)。请问搬家公司如何安排路径,使运输距离最短?

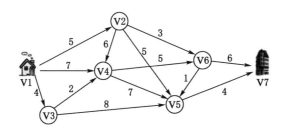

图 9-1　搬家公司线路图

9.2.1　问题分析

最短路问题是网络分析中的一个基本问题。通常最短路解决有方向的网络问题（有向图）。比如图 9-1 中的 V4 到 V5 之间的路程便是网络有向边的权重，即 5 km，而从 V5 直接到 V4 没有通路。最短路的常规算法是本书第 1 章提及的 Dijkstra 算法，这是目前公认较为有效的方法。另外还有 Floyd 法、逐步逼近法等，请读者自行阅读这些方法的相关内容。本章从计算机规划模型的视角，介绍最短路的最优化。

设想有一辆搬家的货车从 V1 出发，沿着不间断的路径行驶到目的地 V7。凡是货车经过的"边"标注上"1"，没有经过的"边"标注上"0"。如果每条边对应一个"0-1"变量的话，现在问题变换成一个"0-1"规划问题。对于任意一个结点，以离开该点边上的被标注"1"的边的总和，减去为进入该点且边上被标注"1"的边的总和。两个总和之差，得到一个"结点逻辑判断值"。该"逻辑判断值"可以区分网络上的各个结点的三种状态：起点、中间点和终点。这意味着作为网络最短路的唯一起点 V1，在网络上货车进入该点 n 次，一定会有 $n+1$ 次离开。从而，"离开次数和进入次数"的差值应当等于"+1"。同样的道理，作为唯一的终点 V7，进入该点 $n+1$ 次，一定会有 n 次离开，从而这个差值等于"−1"。而除了起点和终点之外的所有中间点，这个值严格为"0"（即进出该结点的次数一定相同）。

9.2.2　模型的建立

本书以前章节的案例以及模型，基本是由各种数学关系表达式构成的。本章讨论的网络问题，其最大的特点是"图形化"模型。这些规划问题用电子表格模型建立，仍旧包括所涉及的变量、目标和约束三部分内容。

变量：经过上述分析可知，搬家公司的决策变量是与所有的 13 条"边"——

对应的 13 个 0-1 变量。$x_i = 0 \text{ or } 1, i = 1, 2, \cdots, 13$。

目标：搬家公司应当合理标注"0"或者"1"，使得最终的运输距离最短。目标函数是所有标注上"1"的边的权重的求和。

约束：除了规定 13 个变量为 0-1 变量外，所有的 7 个结点（包括起点、中间点和终点）的逻辑判断值，必须符合上面分析已经得到的"结点逻辑判断值"结论。

9.2.3 电子表格和约束参数

为"网络图形"在电子表格上建立模型，工作目的仍旧是让 Excel 软件理解随后"规划求解"的网络图。图由边和点构成，因此在电子表格上，也要用相应的数学关系表达式来反映。建立的模型计算文件在 9-1. xlsx 中，规划模型表格和规划参数结果参考图 9-2 和图 9-3。

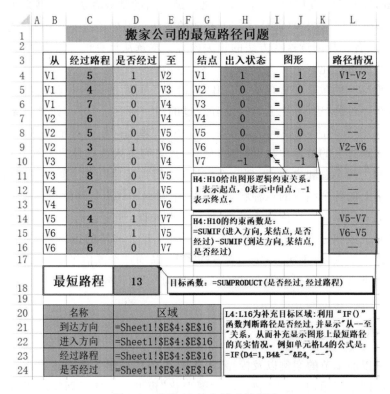

图 9-2　案例 11 的电子表格模型

图 9-3　案例 11 的规划求解参数

本例使用了区域命名,区域名称参见图 9-2 中提示。13 条边分别对应设置了 13 个 0-1 变量,记录是否通过的逻辑状态。每条边均有 4 个重要的信息:从点、至点、路程权重和是否经过。7 个顶点分别设置了 7 个"结点逻辑判断值"。

以顶点 V1 为例,单元格 H4 中公式是:SUMIF(进入方向,G4,是否经过)－SUMIF(到达方向,G4,是否经过)。SUMIF()是 Excel 里面的"根据指定条件对若干单元格求和"函数。该函数的语法是 SUMIF(range,criteria,sum_range),其中 range 为用于条件判断的单元格区域,criteria 为确定哪些单元格将被相加求和的条件,其形式可以为数字、表达式或文本,sum_range 是需要求和的实际单元格。请读者结合本例的命名区域,理解上述公式是如何实现"流入量减去流出量"的"结点逻辑判断值"。

本例的目标值在单元格 D18 中,公式是"＝SUMPRODUCT(是否经过,经过路程)"。

对于网络规划问题,有时候最短路径的长度(最优值)并不是规划者最感兴趣的结果,反而最短路方案(最优解)能给人带来更为实用的信息,因此应当给出网络中的具体路径的位置。图 9-2 中,凡是变量等于 1 的边,均在最短路上。但是如果网络复杂,尤其是边比较多的情况下,这种表示不是十分直观。本例在电子表格上设计了一个显示"路径情况"的额外区域。图 9-2 的 L4:L16 为补充目标区域。该区域中的单元格利用 IF()函数判断路径是否经过,并显示这个网络中最短路各个经过边的"从至"关系,从而补充显示图形上最短路的真实情况。

IF()函数可以对数值和公式进行条件检测,通过执行真假值判断功能,根据逻辑计算的真假值,返回不同结果。该函数语法是:IF(logical_test,value_if_true,value_if_false),其中 logical_test 表示计算结果为 TRUE 或 FALSE 的任意值或表达式。如果 logical_test 计算结果为 TRUE,函数返回 value_if_true 的值;如果为 FALSE,返回 value_if_false 的值。本例 L4:L16 区域的单元格中,比如 L4 中公式是:IF(D4=1,B4&"-"&E4,"--")。该函数首先判断 D4 是否为 1(表示 V1-V2 的边在规划后的最短路径上),如果"是",则显示"B4&"-"&E4"的值,即"V1-V2",如果"否",则显示"--"。

9.2.4 规划结果

最短路径方案是 V1-V2-V6-V5-V7,最短路程是 13 km。

9.3 最大流问题

案例 12:高速公路的区段通过能力分析

高速公路的 S 点到 T 点之间的网络结构见图 9-4。车流从 S 点分流后在 T 点汇流。分流后的车辆可以由 A3 到 A2 或者 A4 到 A1 之间的单向立交匝道变更主干道。各个路段的最大通过能力(标准换算单位/h)分别标在了图上。现在请求出高速公路 S 到 T 段之间的最大通过能力是多少? 公路整体运能饱和时,各路段状态如何?

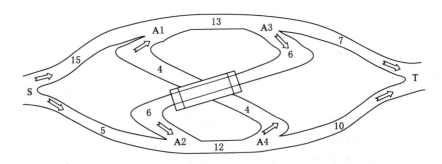

图 9-4　高速公路某区段实勘图

9.3.1　问题分析

"流"的概念在生产管理实践中往往表示资金流、物资流、交通流、供应系统中的水流、管道石油,甚至不可见的信息流、电流、控制流,等等。最大流问题也是网络分析中的另一个基本问题,是满足容量限制前提下的另一角度的最优规划问题。

"容量"是最大流网络上对"边"的权重的称呼,表示该单独边上的最大通过能力空间。对于有方向的边,在流量图中更准确的称呼是"弧"。与"容量"一一对应的是"流量"。容量是某边的理论最大值,流量是实际值。网络最大流的研究是在有向的"容量网络"上开展的。无论网络上是否达到了最大流量,每条边上的实际流量一定不能超过该边的容量。常规的最大流求解思路是借助增值链的概念,通俗地说就是从一个没有任何流量的网络起始状态开始,不断在各个增值链上增加流量,直至再也无法增加为止(最大流状态下的网络应当没有任何增值链)。最大流的常规算法是标号算法。因篇幅所限,本章不再单独介绍这种算法。

考察容量网络上的结点情况:中间点的逻辑状态是流入该点的流量总和严格等于流出该结点的流量总和。与前面分析的最短路的起点和终点不同的是,最大流问题的发点和收点不能以约束的形式出现,而应当作为最大流问题的规划目标。最大流问题中,发点的流量一定等于收点的流量。不妨把各中间结点的流入量和流出量相等作为逻辑判断的约束指标。

9.3.2　模型的建立

变量:经过上述分析可知,案例 12 中的决策变量是公路网络中可以由结点分割开的 8 条边上的 8 个实际流量。

目标:目标函数是流出这个公路网络唯一发点的实际流量,也可以是汇入收点的实际流量。两者相等并均应求最大值。

约束:除了规定所有决策变量非负外,所有的中间结点的逻辑判断值等于 0,即流入量等于流出量。

9.3.3　电子表格和约束参数

最大流问题的模型结构与前例的最短路问题类似。

最大流问题模型与最短路问题模型之间的区别是,前者变量是各边上的实际流量,后者则是代表是否经过 0-1 变量。本例有 8 条边,因此设计 8 个非负变量。图中有 6 个结点,4 个中间结点的逻辑判断值等于 0,实现方法参考前例。起点和终点的逻辑判断值表达出来后,应当作为"规划求解"目标值。起点的值(流出量是正值)应当求最大值。如果是终点的值(流入量是负值),则应当求最小值。

本例中各边的实际流量必须小于等于容量。这是一组重要的约束,在电子表格中分别计算各边的容量与流量的差,并确保这些差的非负性。图 9-6 中的 F4:F11 是增值空间约束区。各弧的增值空间＝各自的弧容量－各自的弧流量。剩余空间也是增值空间。增值空间不能为负。K4:K9 单元格的公式,借助了 SUMIF() 函数。例如 K5,公式是"＝SUMIF(流入方向,J5,弧流量)－SUMIF(流出方向,J5,弧流量)"。K5:K8 是结点的逻辑约束区。各中间结点的流量应当进出平衡。出发点和结束点不受此限制,因此运算结束的值是最优值。

建立的模型计算文件在 9-2.xlsx 中,规划参数结果和规划模型表格参考图 9-5和图 9-6。

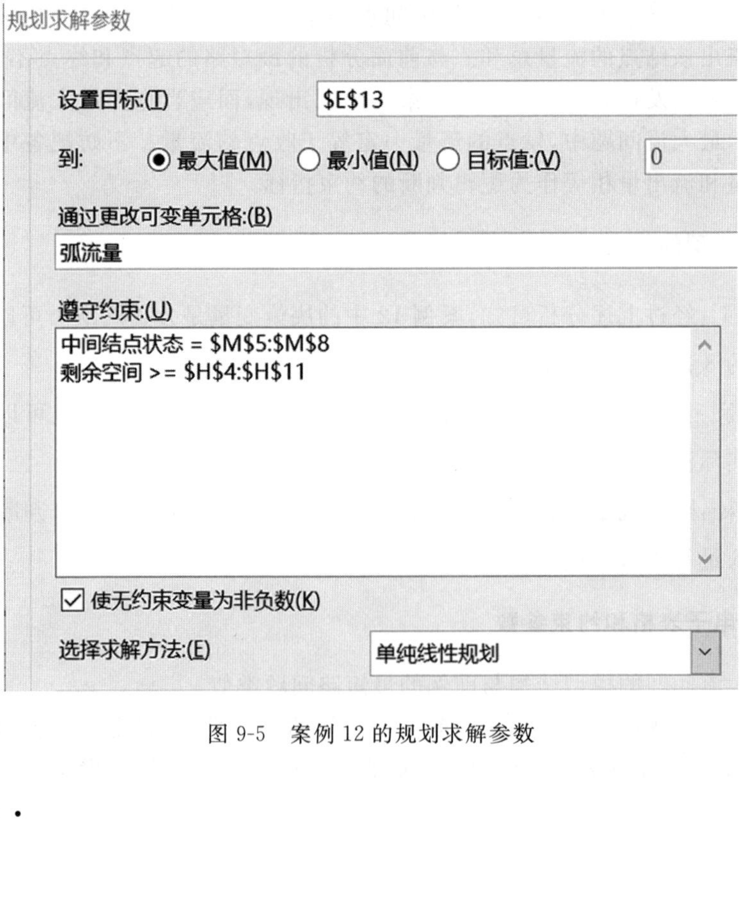

图 9-5 案例 12 的规划求解参数

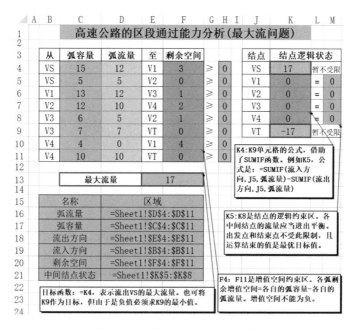

图 9-6　案例 12 的电子表格模型

9.3.4　规划结果

该高速公路的区段最大通过能力是 17 个标准换算单位/h。在实现最大流的状态下，S—A1、S—A2 和 A2—A4 区段分别出现剩余能力 2、1 和 2 个标准换算单位/h，A4—A1 的匝道完全空闲，其他路段均能力饱和。

9.4　最小费用最大流问题

案例 13：预搅拌混凝土公司的物料运送方案

某混凝土公司负责供应一个建筑工地的预搅拌混凝土，运送方式是整车配送。由于运输的混凝土是粉尘污染物质，所以有关部门规定了该公司在路段上每天的最高运输往返辆次。每车每个往返计算流量 1 车。搅拌站与施工地点之间的运输网络以及各条的路径的容量（车/天）和单车成本（百元）见图 9-7。请依据以下要求为该公司制定运输方案：

问题 i：公司的最小费用最大流是多少？最小费用是多少？如何安排运输路线？

问题 ii:公司如果必须运送 10 车,则此时最小费用是多少? 如何安排运输路线?

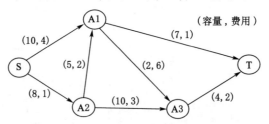

图 9-7　某预拌混凝土公司的运送路线图

9.4.1　问题分析

前面分别讨论了网络分析中的最短路和最大流问题,但是在生产实际中,往往还会考虑费用问题,尤其是同时顾及流量和费用问题,于是就出现了最小费用最大流问题。欲使一个容量网络的成本最小,流量为 0 的情况符合条件(成本为 0);而想要一个容量网络的流量最大,则在不计成本的时候最容易实现。因此直接从字面上看,最小费用和最大流同时出现在一个问题的规划目标中,似乎是"相互矛盾"的。为了避免语意上的误解,在一些教材中,"最小费用最大流"往往直接表达成"最小费用"。所谓的"最小费用问题",就是指在一个特定的运输流量下,从不同的流量配置方案中规划出一个费用最小的方案。类似的,所谓的"最小费用最大流问题",就是保证网络在最大流的情况下,如果有多个最大流量运输方案,则寻求其中一个最小费用的方案。最小费用最大流问题,是最小费用流的特殊情况。因此,仍旧是单一目标的规划问题。

解决最小费用最大流问题,一般有两条途径。一条途径是先用最大流算法算出最大流,然后根据边费用,检查是否有可能在流量平衡的前提下通过调整边流量,使总费用得以减少? 只要有这个可能,就进行这样的调整。调整后,得到一个新的最大流。然后,在这个新流的基础上继续检查,调整。这样迭代下去,直至无调整可能,便得到最小费用最大流。这一思路的特点是保持问题的可行性(始终保持最大流),向最优推进。另一条解决途径和前面介绍的最大流算法思路相类似,一般首先给出零流作为初始流。这个流的费用为 0,当然是最小费用的。然后寻找一条源点至汇点的增流链,但要求这条增流链必须是所有增流链中费用最小的一条。如果能找出增流链,则在增流链上增流,得出新流。将这个流做为初始流看待,继续寻找增流链增流。这样迭代下去,直至找不出增流链,这时的流即为最小费用最大流。这一算法思路的特点是保持解的最优性(每次得到的新流都是费用最小的流),而逐渐向可行解靠近(直至最大流时才是一个可行解)。

利用 Excel 中"规划求解"功能来实现最小费用流问题十分简洁。在约束条件中,强制规定流量等于特定值后,由模型进行规划最小费用流。如果问题明确提出求最小费用最大流问题,则问题可以分成两步走(建立两个模型):第一步按照前面介绍的方法,求出问题不考虑成本时的最大流量;第二步是将前步确定的最大流量作为新的约束条件,添加到求最小费用的模型中去。

9.4.2　案例 13 问题 i 的建模和求解

(1) 模型的建立

经过上述分析可知,案例 13 的最小费用最大流问题需要借助两个先后接续的电子表格模型。第一步模型就是求问题的最大流问题。建模细节参考案例 11 的操作过程。

第二步模型结构并无大的变化,只是将第一步模型中规划出来的发点和收点最大流量,在第二步模型中作为强制约束写入模型。同时该模型中的目标函数通过综合运输成本来表达。

由于问题以整车为单位,所以本例同时也是一个整数规划问题。

(2) 电子表格和约束参数

第一步的模型计算文件在 9-3. xlsx 中的 Sheet1 上,规划模型表格和规划参数结果参考图 9-8 和图 9-9。

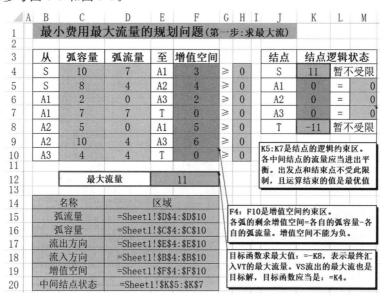

图 9-8　案例 13 的电子表格模型(第一步)

图 9-9　案例 13 的规划求解参数（第一步）

第二步的模型计算文件在 9-3.xlsx 中的 Sheet2 上，规划模型表格和规划参数结果参考图 9-10 和图 9-11。

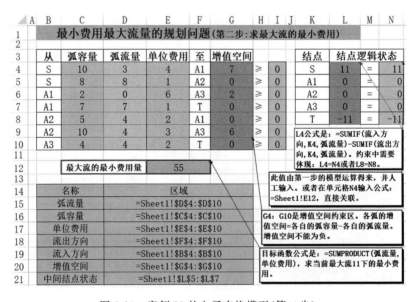

图 9-10　案例 13 的电子表格模型（第二步）

图 9-11　案例 13 的规划求解参数(第二步)

该电子表格中的单元格 N4 除了可以人工输入第一步规划结果 11 外,还可以输入公式"=Sheet1！E12"。这种格式是在同一工作簿文件的不同电子表格之间的引用。请读者注意并逐步掌握这种跨表格甚至跨文件引用的方法。

(3)规划结果

在 9-3.xlsx 中的 Sheet2 上,可以得出在最大流量 11 整车的情况下,该混凝土公司的最小运输费用是 5500 元。对比 Sheet1 可知,虽然都是最大流的状态,Sheet2 上的最佳运输方案与 Sheet1 上的方案不同。

9.4.3　案例 13 问题 ii 的建模和求解

问题 ii 没有考虑到最大流的前提,要求 10 车流量的最小费用流,由于已经明确了流量,因此只需要一个模型就可以解决。问题 ii 建模和求解,基本类似问题 i 的第二步模型,只要在 Sheet2 的模型中,代表流入量的 N4 单元格修改成 10。代表流出量的 N8 单元格由公式"-N4"得出,所以无须修改。模型计算文件在 9-3.xlsx 中的 Sheet3 上,电子表格模型以及规划结果见图 9-12,规划参数对话框略。

10 车运量时,最小费用的规划结果是 4800 元。

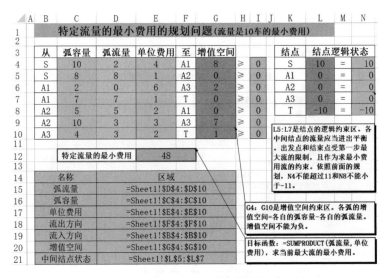

图 9-12　案例 13 的电子表格模型(流量为 10 的情况)

9.5　网络分析的应用案例(一):设备更新问题

案例 14:大学生涯中的计算机购买计划(最短路问题)

刚刚收到某高校录取通知书的小明同学打算在 4 年学习生涯中认真地学习和使用计算机。小明原本计划在开学初买一部新计算机,并使用 4 年后在二手市场卖掉。这个计划在小明拿到计算机行情(见表 9-1)时产生了动摇。

表 9-1　　　　　　　　　年度计算机行情表　　　　　　　　单位:元

学年	当年初预测价格	当年末二手价格
第一学年	9900	7500
第二学年	7000	6000
第三学年	6000	4000
第四学年	5000	3500

除了购置成本,小明预测自己在使用计算机的过程中会有维修、软件维护、硬件升级等额外支出。按照经验,一部新计算机使用一年额外支出是 100 元,连续使用 2 年是 300 元,连续使用 3 年是 500 元。一部连续使用 4 年的计算机,额外支出高达 1000 元。

假设小明购买新计算机或者出售旧计算机的时刻总是在学年交接的时点。请问小明 4 年的大学生涯中,如何安排购买计划,使得支出总额最小?

9.5.1　设备更新问题

在生产运作过程中,设备总会遇到陈旧或者毁损而需要更新替换的规划决策问题。某设备的使用时间应当从综合效益的角度上考虑,而不是设备的实际使用寿命。如何科学安排设备的维修、更新计划,从而实现总效益最大(或总成本最小)便是设备更新问题。本案例实质上就是一个设备更新问题。

设备更新问题通常涉及以下几个函数逻辑关系和概念:

※ 役龄 t,表示该设备使用过的时间,比如以年为单位。

※ 效益函数 $r(t)$,表示役龄为 t 的设备,再使用一个单位时间得到的收益。通常 $r(t)$ 是减函数。

※ 维修费用函数 $u(t)$,表示役龄为 t 的设备,再使用一个单位时间支出的维修费用。通常 $u(t)$ 是增函数。

※ 更新费用函数 $c(t)$,表示卖掉役龄为 t 的设备,再买进新设备的净支出费用。$c(t)$ 应是非负的,通常是价格不变情况下的增函数。

设备更新问题可以用动态规划的方法解决,也可以参考本例介绍的最短路径方法。

9.5.2　问题分析

我们知道,如果一个系统由增函数和减函数两个力量共同决定,则一般会存在某个点使得系统达到最小值。小明原本打算的"开学初买一部新计算机,并使用 4 年后在二手市场卖掉"的方案,仅仅是众多可行方案中最特殊的一个。事实上,小明可以在某些学年交替的时刻"买新卖旧",而且这些方案理论上存在比小明最初打算还要优惠的可能性。这种可能性主要是由于:其一,电脑连续使用时间越长,单位年度成本就越高;其二,购机价格与部分年度的二手价格权衡,差值相对要优惠。

图 9-13 所示网络包含了所有的可行方案。

图中把小明的大学生涯分成了 4 个学年时段,时段的更替点按照时间先后分别命名为 A、B、C、D 和 E 点。A 和 E 的行为分别是"买新"和"卖旧",B、C、D 点则是在该时刻"买新卖旧"。显然小明一定从 A 点出发(入学),最终一定到 E 点结束(毕业),但是是否经过期间的 B、C 或者 D 点,要看实际情况决定。

按照小明掌握的各年的新旧计算机行情以及使用计算机的额外支出情况,可以把上述图中任意两点(按照组合理论,应当存在 $C_5^2 = 10$ 条关系边)之间的具

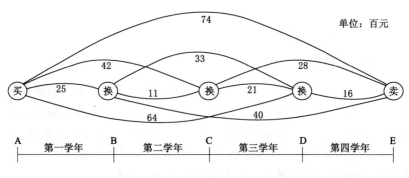

图 9-13　将设备更新问题绘制成网络图

体成本。例如第二学年初(也即第一学年末)到第三学年末(也即第四学年初)的
BD边,成本将是 3300 元。这个成本是第二学年初的 7000 元购买新机成本,减
去第三学年末的二手机残值回收 4000 元,再加上为期两年的使用成本 300 元。
同理其他 9 条边的实际成本也可以一一计算出来。读者可以参考本例模型计
算文件 9-4. xlsx 的电子表格上的计算细节。现在问题转化成了一个在上述网
络中求最短路径的问题。这个网络显然也应当是"有向图",图中隐含的方向
是:所有的边因时间发展的原因,均是自左至右的方向。注意:图中箭头指向
未绘出。

9.5.3　电子表格和约束参数

最短路问题的模型已经阐述过,此处不再赘述。小明同学建立的模型计算
文件在 9-4. xlsx 中,规划模型表格和规划参数结果参考图 9-14 和图 9-15。

9.5.4　规划结果

小明为期 4 年的大学生涯中最经济的计算机购买计划是:

第一步(A 点,购买新机)。入学初以 9900 元价格购买新计算机一部,在当
年末即以二手货卖掉回收 7500 元,当年支出额外的使用费用 100 元。这个时段
净支出 2500 元。

第二步(B 点,以旧换新),在第二学年初再次购买新计算机一部,价格是
7000 元,在当年末即以二手货卖掉回收 6000 元,当年支出额外的使用费用 100
元。此时段净支出 1100 元。

第三次(C 点,以旧换新),在第三学年初再次购买新计算机一部,价格是
6000 元,在连续使用两年后的第四学年末以二手货卖掉回收 3500 元,两年支出
额外的使用费用 300 元(注意,不是 100×2)。这个时段净支出 2800 元。

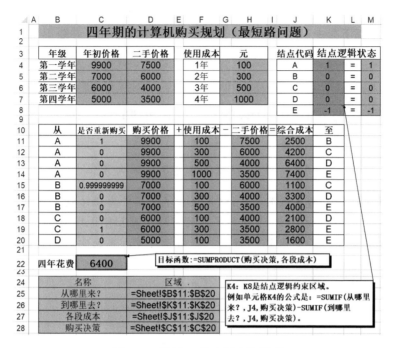

图 9-14 案例 14 的电子表格模型

图 9-15 案例 14 的规划求解参数

小明大学期间最节省的计算机使用综合成本是 6400 元。其他任何使用方案,其成本都不会少于这个最优值。显然,如果小明不去精心地规划,按照原始的打算(入学买新计算机,毕业卖掉)则总支出将是 $(9900-3500+1000)=$ 7400 元。

9.6　网络分析的应用案例(二):系统瓶颈分析

案例 15:截断敌军的供给线(最大流问题)

在某部队进行的实战演习中,红军侦获了蓝军物资供给线上一条河流的工事地图,见图 9-16。在河流 A 岸和 F 岸之间的江面上有 B、C、D 和 E 四块洲岛,蓝军借助地势搭建了 1 至 13 号浮桥。红军指挥员决定由空对地制导轰炸浮桥的方式,彻底切断蓝军的供给线。请帮助红军制定出最有效的轰炸方案,以破坏最少的浮桥达到该战术目的。

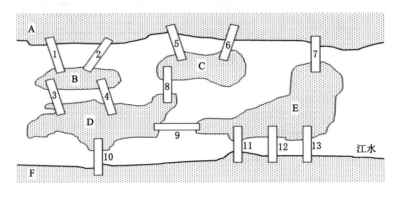

图 9-16　演习阵地的军事工事地图

9.6.1　问题分析

图 9-16 中的江水是横亘在蓝军物资运输线上的一个障碍。由于网络分析通常解决的是有方向规定的图,因此把原始图转换成有向图是一项不可缺少的准备工作。不失一般性,现在不妨假设蓝军的物资从 A 岸运送到 F 岸。针对不同问题可以依照时间发展、工序顺序、地点转换等定义图的方向。事实上,案例 14 中按照学年顺序自左向右规定计划进度,也是将图赋予方向的准备工作。

现在把实际的军事工事地图抽象成图 9-17。

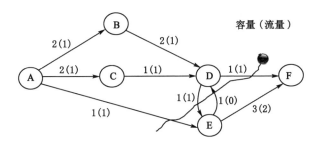

图 9-17　将地图抽象绘制成最大流网络

现实中的两岸以及沙洲均抽象成了图 9-17 中的各个结点,而连接这些江岸和沙洲的浮桥则抽象成了"有向"的边。由于已经预先假定了蓝军自 A 至 F 的撤退方向,图中边的方向不难确定,但是 D 和 E 之间的"边"(即第 9 号浮桥)平行于江岸,因此方向不能盲目确定。因为红军现在侦察到的情报,并没有探明这座浮桥上蓝军物资的流向。同样不失一般性,不妨假设:第 9 号浮桥可以双向运输蓝军的物资,在图 9-17 上表示为存在双向的两条边。进一步讨论:这对双向边的成立是互斥的。原因很简单,蓝军不可能在 9 号浮桥上来回运动。

容易混淆的是,这个问题涉及的容量并不是各座浮桥的自身容量,而是结点之间的"浮桥数"。因为问题是寻找需要完全破坏掉的浮桥座数,而不是对浮桥具体容量的影响。按照这个思路,参见图 9-17 中各边上的容量。既然考察桥梁数,从这个角度上讲,同样也是一个整数规划问题。

现在问题转化成了一个网络分析问题。对蓝军来说,最乐观的情况是蓝军的物资运输部队找到了这个网络中的最大流。而对于红军来说,完全切断蓝军的物资供给线的这个任务,就等同于破坏掉这个最大流方案。这也是为什么蓝红双方均要努力求出最大流的原因。读者可以设想一下:假如红军破坏的不是蓝军的最大流方案,那么蓝军的物资运输状况又将如何?

网络规划中的最大流问题可以帮助决策者寻找系统中的限制瓶颈,比如运输网络、通信系统、输送管路等,均可以由最大流来标定该系统的限制能力。

9.6.2　电子表格和约束参数

最大流问题的模型结构本章已经阐述过,此处不再赘述。

红军作战部门建立的模型计算文件在 9-5. xlsx 中,规划模型表格和规划参数结果参考图 9-18 和图 9-19。

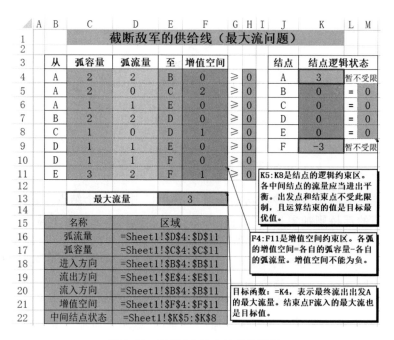

图 9-18　案例 15 的电子表格模型

图 9-19　案例 15 的规划求解参数

9.6.3　规划结果

蓝军的最大流是 3 座桥,因此红军要在网络图 9-17 上截断这个最大流,就是至少要破坏 3 座浮桥。这是最有效的战术方案。

如何确定这最少的 3 座桥,利用了图论中割集截量概念。通俗地说,割集就是这样一个边的集合,把这个集合拿走,则网络就分离成两个互不连通的部分,但是放回这个集合中的任意一条边,两个部分就连通起来。割集截量是对应的割集的所有边的容量和。最大流的一个有用的性质是:最大流量等于最小的割集截量。按照这个原则考察图 9-17,图中的带炸弹的线,就是通过了一个截量为 3 的割集。这个割集就是红军恰要炸掉的第 7、9、10 号浮桥。

9.7　网络规划问题初步(最长路问题)

案例 16:某加工部件的完工时间和工期优化研究

某零件从毛坯到成品需要 12 个工序,各个工序之间的接续顺序和加工时间见表 9-2。现在需要尽早完工,完成该部件全套工序的时间至少是多少?

表 9-2　　　　　　　　　加工部件的工序详单　　　　　　　　　单位:h

活动	A	B	C	D	E	F	G	H	I	J	K	L
时间	5	4	6	2	2	4	3	2	5	4	5	4
紧后活动	B	D E F	D E F G	H	H	H	I J	K	K	L	L	—

9.7.1　问题分析

如果上述问题用表格表达的话,很难直观地开展网络规划分析。现在用有向的网络图描述这个工程项目的所有信息,见图 9-20。

图中,圈表示不占任何资源的结点,箭线表示工序,虚线表示传递逻辑关系的虚工序。工序时间作为网络图的诸边的权重。网络计划问题中的一个重要概念是关键线路。关键线路就是时间网络图中用时最长的路径。因此,这

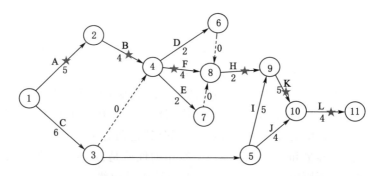

图 9-20 按照工序关系绘制的项目网络图(已标记关键路径)

个问题实质上是网络的"最长路径"问题。运筹学中有专门寻找网络关键路径的方法,而在 Excel 的"规划求解"中,只要简单地改动"规划求解参数"的对话内容即可。

9.7.2 电子表格和约束参数

最长路径的规划算法与前面介绍的最短路径问题模型的唯一区别在于:"规划求解参数"对话框中,目标函数是向"最大值"方向规划的。具体的建模细节,可以参考案例 11。

模型计算文件在 9-6. xlsx 中,规划模型表格和规划参数结果参考图 9-21 和图 9-22。

9.7.3 规划结果

关键路径长 24 h,完成这个部件加工的整套时间理论上不会少于这个极限值。

关键路径可以对照图 9-20 中决策变量为 1 的边,首尾接续后得到。但是复杂的网络图中,靠人工查找效率低而且易出错,这个电子表格模型为此额外设计了一列"路径情况"的补充信息。例如对于从结点 1 到结点 2 的工序 A,函数 IF(D4=1,B4&"-"&E4,"--")实现了"A 是否在关键路线上的判断,并显示相关信息"的功能。其他工序的判断同理。请读者结合 IF 函数的定义,体会此处的用法。规划结果显示,关键路径是"1-2"-"2-4"-"4-8"-"8-9"-"9-10"-"10-11"。

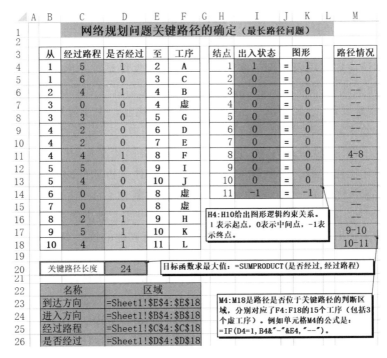

图 9-21　案例 16 的电子表格模型

图 9-22　案例 16 的规划求解参数

9.7.4 相关软件应用

以关键路线为核心之一的计划评审技术（PERT）和关键路径法（CPM），当前已经广泛应用在项目管理诸多领域。案例 16 仅仅是一个网络计划问题的简单应用，而实践中的网络规划要复杂得多，往往包括进度计划编制、进度计划优化、进度跟踪反馈、进度分析控制、多方案比较等内容。由于规划工作的复杂性，几乎所有的实际网络规划问题都离不开计算机的帮助。当代的计算机技术已经完全实现了网络规划各种功能，同时更加方便、实用和友好，并且向面向对象的图形智能化操作发展。近年来，关于网络规划的计算机软件的开发和研究发展很快，有不少优秀的商业软件可供用户选择，其中包括：Time Line、Project Scheduler、MS Project 等。Excel 虽然可以一定程度上解决网络规划工作，但实际运用最多仍旧是 Project 等专业软件包，建议有兴趣的读者专门开展这个方面知识的学习。

不论选择哪种软件，作为专业解决网络规划的电子工具，计算和规划的两个主要问题仍旧是进度和费用。在此基础上，开展网络规划前的一项重要准备工作是开展工作分解结构（work breakdown structure, WBS）。WBS 是指将一个项目按照层次和树状结构进行分解。分解的程度应当按照建模者对实际问题的要求而定，一般来说分解的层次在许可的情况下多一些、细一些。WBS 是网络规划分析以及建立模型过程中的基础性工作，这项工作直接影响到网络规划中的基础数据和逻辑关系，因此建模者必须高度重视这项工作。

练习与巩固

1. 参考其他运筹学教程，初步了解关于"图"的一系列基本概念。

2. 独立完成案例 11，掌握利用电子表格模型解决常规的最短路问题的原理和方法。

3. 独立完成案例 12，掌握利用电子表格模型解决常规的最大流问题的原理和方法。

4. 独立完成案例 13，掌握利用电子表格模型解决常规的最小费用最大流问题的原理和方法。

5. 独立完成案例 14 和案例 15，进一步拓展广义思路，学会利用图形工具，解决实际问题。

6. 在理解表 9-2 的基础上，独立绘制出项目网络图。独立完成案例 16，掌握利用电子表格模型求解网络关键路径的原理和方法。参考其他运筹学教程，进一步了解网络计划技术的基本原理和操作步骤。

7．查阅相关资料,了解具有网络计划技术功能的专业软件的基本知识。

8．在 Excel 电子表格上练习 SUMIF() 函数的功能和特点。

第 10 章 数据包络分析初步

案例 17：银行分理处相对工作效率的评价分析

某银行支行在一个城区设有甲、乙、丙、丁 4 个分理处，现在支行决定对他们的工作效率进行评比排序。经过上级部门研究，决定把每个分理处的员工数和营业面积作为投入考核指标，每月已经办理的业务次数作为产出考核指标。各分理处的投入和产出情况见表 10-1。

表 10-1　　　　　　　　　银行分理处工作绩效考核表

分理处	投入		产出（业务次数/月）		
	员工/人	营业面积/m²	存款	贷款	中间
甲	25	180	1800	200	1600
乙	40	150	1000	350	1000
丙	35	170	800	210	1100
丁	20	250	900	420	1500

问题 i：各分理处均完成了产出各项指标，那么在不考虑产出差异的前提下，如何从投入方面评价各个分理处的相对效率？

问题 ii：如果将产出指标和投入指标进行综合评价，各分理处的相对效率又如何排序？

10.1 数据包络分析的基本概念

10.1.1 数据包络简介

生产和社会活动中常常需要对具有相同业务类型的部门或单位（称为决策单元，decision making unit，DMU）进行评价，其评价的依据是决策单元的输入数据和输出数据。输入数据是指决策单元在某种活动中需要消耗或占用的某些量，例如投入的资金总额、动用的总劳动力数、占地面积，等等；输出数据是决策单元经过一定的输入之后,产生的表明该活动成效的某些指标量,例如不同类型的产品数量、工作质量、经济效益,等等。比如上述案例中,可以把员工和营业面积作为决策单元的输入,而把不同的业务数作为输出。根据输入数据和输出数据来评价决策单元的优劣,即所谓评价部门(或单位)间的相对有效性。

1978 年,著名的运筹学家 A. Charnes、W. W. Cooper 和 E. Rhodes 首先提出了一个被称为数据包络分析(data envelopment analysis,DEA)的方法,去评价部门间的相对有效性(称为 DEA 有效)。他们的第一个模型被命名为 CCR 模型。从生产函数角度看,这一模型是用来研究具有多个输入、特别是具有多个输出的系统效率的成效方法。随后的发展中,BCC 模型、CCGSS 模型、CCW 模型以及 CCWH 模型相继被开发使用。上述模型都可以看作是处理具有多个输入(输入越小越好)和多个输出(输出越大越好)的多目标决策问题的方法。在有效性的评价方面,除了 DEA 方法以外,还有其他的一些方法,但是那些方法几乎仅限于单输出的情况。相比之下,DEA 方法处理多输入,特别是多输出的问题的能力具有明显优势。

因此,数据包络分析是应对多输入和多输出系统评价的一个有效方法,是线性规划理论在绩效评价方面的一个应用。对于一个具有多项投入和多项产出特征的生产运作系统,这个系统内部由多个类似的部门组成,衡量这些部门之间运作效率高低的基本方法就是将投入方面和产出方面换算成统一的单位,比如货币单位,然后统一计算各部门的投入产出比值,并按照各自比值的大小进行排序。但是统一单位的过程,往往会遇到很多问题。

上述案例中,投入部分的员工(人)与营业面积(m²)如何统一起来? 再比如在产出部分,即使是同一指标单位的业务数,存款业务数与贷款业务数也不能简单的相加。即便是采用加权换算,那么权重又如何确定? 数据包络分析可以规避这种换算思路,另辟蹊径解决这种类型的评价问题,并从"DEA 是否有效"的角度,判断投入产出系统的相对有效性。本章案例,是对 DEA 方法的简明讲解,力求给初学层面的读者介绍这种建模原始思路和主要评价视角。该理论的详尽内容以及更深刻的模型,还需要读者进一步深入学习掌握。

10.1.2　包络线与生产前沿面

实际上,本章案例问题 i 的隐含假设是:将所有分理处的产出表现看作是"无差异"的。因此单独从投入上考察,综合投入多的单元,效率就相对低下。图 10-1 中仅仅表示了投入的信息,其中横坐标表示员工数,纵坐标表示营业面积。

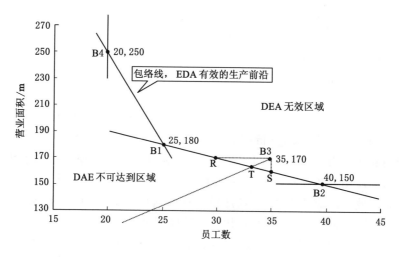

图 10-1　包络线和生产前沿面示意图

　　4 个分理处的员工数和营业面积的投入组合分别在图中以 B1、B2、B3 和 B4 点表示。如果在任意两点之间连线,会有 $10(=C_4^2+2)$ 条直线,其中包括最上方的点 B4 通过的垂线和最右方的点 B2 通过的平行线。在这些直线中,能将所有的点"包围"起来的线段,组成了"包络线",即图中的从左上方的"垂线"—"B4B1"—"B1B2"—右下方的"水平线"。其他不形成包络线的直线没有在图中画出,比如 B4 与 B2 之间的连线,显然把 B1 割离在外了,未形成边界。

　　读者可以想象:在 DEA 分析工作中,包络往往被称为"生产前沿面"。但是对于多维情况,"包络"甚至可以理解为多维的空间"结构"(不局限于一维的边界线或者二维的边界平面)。由于多维线性关系性质,落在 B1 和 B2 的线段上的任何一点,都可以由 $\alpha\%$ 的 B1 和 $(1-\alpha\%)$ 的 B2 所构成。也就是说,R(在 B3 的水平左方)、S(在 B3 的垂直下方)和 T(B3 与原点连线同线段 B1B2 的交点)点的投入效果是都是 B1 和 B2 和线性等价组合,他们之间的区别仅仅是构成比例 $\alpha\%$ 的不同。此时可以对比 R、S、T 与包络线右上方的 B3 点的效率差异。落在包络线上的点,称为"DEA 有效"的点。以上分析可以看出,作为包络线的生产前沿面上的点是帕累托(Pareto)最优的位置。Pareto 最优通常是指资源分配系统的一种状态,即在不使系统内任何成员境况变坏的情况下,已经寻求不到再使某些成员的处境变好的机会。本例的所谓 Pareto 最优是指某个决策单元处于这样一种效率状态,就是不存在保持其他产出不变的情况下,无法减少任何一项投入的水平。

简证：可以容易求得 R(30,170)、S(35,160) 和 T(33.54,162.92)。已知 B3(35,170)，与 R 比较,B3 要达到同样的产出效果需要单方面多投入 5 位员工的投入。与 S 比较,B3 要达到同样的产出效果需要单方面增加 10 m² 营业面积的投入。与 T 比较,B3 要达到同样的产出效果需要同时增加投入 1.46 位员工和 7.08 m² 营业面积的投入。因此,无论从上述哪个参照点分析,B3 都不是 Pareto 最优状态,而 B1、B2 以及 R、S 和 T 点,均是 Pareto 最优状态。为了统一分析 B3 的相对效率,通常以 T 点为参考点进行数量上的效率计算。T 点是 B3 与原点连线穿过生产前沿面的交点。计算 33.54/35＝162.92/170＝0.958,这个百分比 95.8% 称为 B3 相对于 T 点状态(由 B1 和 B2 的某个组合比例构成)的 DEA 相对效率。显然,比值小于 1 时是"DEA 无效率"的。

图 10-1 中,包络线把第一象限分成两个区域。在包络线右(内)上方,是 DEA 无效区域(不妨称为内侧),或者称为非 DEA 有效区域。注意,这里的"有效"是指投入产出达到最优效率的意思。在包络线左(外)下方,是 DEA 不可达到的区域(不妨称为外侧),也即目前系统生产效率不可能做到的情景集合。这是因为 DEA 有效点,全部落在了作为生产前沿面的包络分界线上了,其他无效率但是生产可行的点,也全部落在了包络分界线的内侧了。

10.1.3　问题 i 的初步解决

由上述分析可知,如果假定产出不作数量上的区别而认为是一致的,那么 4 个分理处的 DEA 效率分别是：甲、乙、丁均是 DEA 有效,而丙是非 DEA 有效,仅仅相当于甲和乙某种线性组合效率的 95.8%。这个组合方式也可以随后计算出来。

10.2　数据包络分析的数学模型

10.2.1　模型的原理

案例 17 的问题 i 利用了图解方法,但是如果投入超过 3 个指标的话,这种方法就不太适用了。另外,问题 i 的最大限制还在于：如果同时考虑多项产出和多项投入指标的情况下,就需要借助线性规划的方法。本节介绍一般性的 DEA 评价模型,这种模型实现了多元投入和多元产出的评价方法。

一个评价系统中有 n 个不同的决策单元($j=1,2,\cdots,n$),每个决策单元包含 m 个投入指标($i=1,2,\cdots,m$)和 s 个产出指标($r=1,2,\cdots,s$)。可以将系统的投入产出数据写成矩阵,见图 10-2。

$$
\begin{array}{cccc}
\lambda_1 & \lambda_2 & \cdots & \lambda_n \\
\Updownarrow & \Updownarrow & & \Updownarrow
\end{array}
$$

$$
\begin{bmatrix}
x_{11} & x_{12} & \cdots & x_{1n} \\
x_{21} & x_{22} & \cdots & x_{2n} \\
\vdots & \vdots & x_{ij} & \vdots \\
x_{m1} & x_{m2} & \cdots & x_{mn} \\
y_{11} & y_{12} & \cdots & y_{1n} \\
y_{21} & y_{22} & \cdots & y_{2n} \\
\vdots & \vdots & y_{rj} & \vdots \\
y_{s1} & y_{s2} & \cdots & y_{sn}
\end{bmatrix}
$$

图 10-2　n 个决策单元的投入产出矩阵结构

其中：列方向上是决策单元，系统中有 n 个决策单元；行方向上是评价指标，前 m 行是投入指标数据，后 s 行是产出指标数据。

不失一般性，现在假设存在一个可以由上述矩阵 n 列"线性组合"出来的第 $n+1$ 个假想决策单元（$j^* = n+1$），这个单元相对原先 n 个决策单元是最有效率的。于是，存在以下关系：

$$
\sum_{j=1}^{n} \lambda_j = 1, \ \lambda_j \geqslant 0, \ j = 1, 2, \cdots, n
$$

$$
\sum_{j=1}^{n} \lambda_j x_{ij} = x_{ij^*}, \ i = 1, 2, \cdots, m
$$

$$
\sum_{j=1}^{n} \lambda_j y_{rj} = y_{rj^*}, \ r = 1, 2, \cdots, s
$$

上面的这个"最有效"的线性组合系数 λ_j 可以理解为权重。经过线性组合后的第 j^* 个假想决策单元无论在投入还是产出方面，与第 j_0 个决策单元相比，都是 Pareto 最优状态。如果第 j_0 个决策单元本身就是 DEA 有效的，λ_{j_0} 取 1 就能满足上述关系。如果第 j_0 个决策单元并不是 DEA 有效的，显然上述关系的约束过于严格，于是引入一个效率系数 E 进行关系的"调整"。如果确实发生了"调整"，则该决策单元的 DEA 效率情况就水落石出了。

以下模型以单独评价第 j_0 个决策单元为目的，构造"DEA 线性规划模型"：

$$
\min Z = E
$$

$$
\text{s.t.} \begin{cases}
\displaystyle\sum_{j=1}^{n} \lambda_j x_{ij} \leqslant E x_{ij_0}, \ i = 1, 2, \cdots, m \\[2mm]
\displaystyle\sum_{j=1}^{n} \lambda_j y_{rj} \geqslant y_{rj_0}, \ r = 1, 2, \cdots, s \\[2mm]
\displaystyle\sum_{j=1}^{n} \lambda_j = 1, \ \lambda_j \geqslant 0, \ j = 1, 2, \cdots, n \\[2mm]
0 < E \leqslant 1
\end{cases}
$$

10.2.2　规划建模求解步骤

① 首先将问题归结到图 10-2 的矩阵形式。

② 确定待评价的决策单元，即矩阵中的某列(j_0)数据。

③ 设计变量。包括效率系数 E 和组合方案 λ_j。

④ 明确规划的目标。由模型规划出"效率系数"E 的最小值。

⑤ 计算单纯形表或者输入电子表格模型准备"规划求解"。

⑥ 解读结果。

10.2.3　规划结果解释

上述 DEA 线性规划模型每次只能对一个指定的决策单元开展评价。对于由 n 个决策单元构成系统的综合排序，通常需要更换模型中第 j_0 个决策单元的所有评价指标数据，然后分别评价 n 次，结合计算出各决策单元的效率系数 E 开展评价。

模型中的效率系数 E 的特殊之处是：这个系数既是决策变量，又以目标函数形式出现。虽然在电子表格上可以是同一单元格，但建议建模者在电子表格上用不同的单元格分别表示。另外，"DEA 线性规划模型"增加了 E 的约束条件不等式的右边已经不再是约束值常数，而 Excel 的"规划求解"对话框要求约束条件的右端为约束值常量。因此电子表格模型中应将 Ex_{ij_0} 移项到不等式左边，移项后的不等式右边为 0。

经过对模型的规划求解，如果 E 的最小值等于 1，说明该待评价的决策单元DEA 有效。如果是小于 1 的正数，则说明非 DEA 有效。请读者联系上一节图解法的示意分析，进一步思考 E 不可能大于 1 的原因。

10.3　数据包络分析的电子表格模型求解

10.3.1　问题 ii 分析和模型的建立

对于问题 ii，显然需要对甲、乙、丙和丁分别进行 DEA 评价。以下以对分理处丙的评价为例进行分析，其他分理处的评价，可以在同一模型中替换待评价单元的数据而一一实现。

线性规划模型（对分理处丙进行 DEA 评价）如下：

$$\min Z = E$$

$$\text{s.t.} \begin{cases} 25wL + 40w2 + 35w3 + 20w4 - 35E \leqslant 0 \\ 180wl + 150w2 + 170w3 + 250w4 - 170E \leqslant 0 \\ 1800w1 + 1000w2 + 800w3 + 900w4 - 800 \geqslant 0 \\ 200w1 + 350w2 + 210w3 + 420w4 - 210 \geqslant 0 \\ 1600w1 + 1000w2 + 1100w3 + 1500w4 - 1100 \geqslant 0 \\ w1 + w2 + w3 + w4 = 1, \ w1, w2, w3, w4 \geqslant 0 \\ 0 < E \leqslant 1 \end{cases}$$

其中,$w1$、$w2$、$w3$ 和 $w4$ 构成"假想决策单元"的权重系数 λ。E 是效率系数。作为模型的目标,规划求解出最小值的 E,其含义是:待评价决策单元(分理处丙)的投入指标组,相比假想决策单元(按 $w1$、$w2$、$w3$ 和 $w4$ 比例构成的最优单元)的投入指标组的让步程度。如果 E 的最小值等于 1,说明该待评价决策单元无法让步。如果 E 是小于 1 的正数,说明该单元与假想中的单元对比存在效率差距——通俗地说就是该待评价单元存在效率挖潜的空间,当前属于 DEA 无效。

10.3.2 电子表格和约束参数

建立的模型计算文件在 10-1. xlsx 中,规划模型表格和规划参数结果参考图 10-3 和图 10-4。电子表格中的部分公式请读者参考电子表格上的详细表述。其他分理处的评价模型类似分理处丙的评价过程,略。

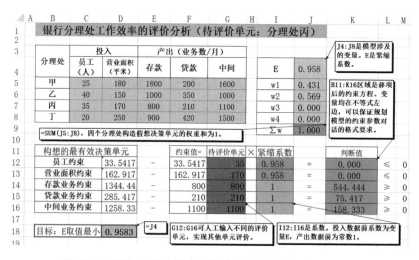

图 10-3　案例 17 的电子表格模型(待评价单元:分理处丙)

图 10-4　案例 17 的规划求解参数（待评价单元：分理处丙）

10.3.3　规划求解后的评价结果

经过规划求解后得到分理处丙的效率系数 E 是 0.9583，说明分理处丙是非 DEA 有效状态。同样在将模型中的 G12:G16 分别用甲、乙或者丁的投入产出数据替换后，可以得出各自的 E 是 1，说明这些分理处是 DEA 有效。

进一步考察分理处丙规划得出效率系数 E 的最小值的组合系数 w（对应一般模型中的 λ）的细节信息：$w1 = 0.431$，$w2 = 0.569$，$w3 = w4 = 0$。表明以下基于 DEA 模型的相对效率判断：如果由分理处甲的 43.1% 和分理处乙的 56.9% 来提供投入组合的话，这个组合以后的产出不会低于分理处丙的各项对应的产出。或者说，达到分理处丙目前的产出水平，仅仅需要分理处丙综合投入的 95.83%。显然从这个评价角度上说，分理处丙是"DEA 无效"的。

10.3.4　DEA 评价的应用

已经证明，DEA 有效性与相应的多目标规划问题的 Pareto 有效解（或非支配解）是等价的。建立在线性规划理论上的数据包络分析可以看作是一种统计分析的新方法，它是根据一组关于输入－输出的观察值来估计有效生产前沿面的。而在经济学和计量经济学中，估计有效生产前沿面，通常使用统计回归以及其他的一些统计方法，这些方法估计出的生产函数并没有表现出实际的前沿面，得出的函数实际上是非有效的。因为这种估计是将有效决策单元与非有效决策单元混为一谈而得出来的。读者可以通过实际例子去验证这个有趣的问题：常规的评价视角下,同时扩大或者缩小投入和产出双方的倍数,并不影响对决策单元的评价结果。但是在 DEA 视角的评价框架中,可能会影响评价结果,因此并不能轻率地进行这样的数学"等价"变换。在有效性的评价方面,除了 DEA 方法以外,还有其他的一些方法,但是很多方法几乎仅限于单输出的情况,相比之下,DEA 方法处理多输入和多输出问题的能力是具有优势的。同时,DEA 方法不仅可以用线性规划来判断决策单元对应的点是否位于有效生产前沿面上,同时又可获得许多有价值的管理信息,比如本章案例中的组合权重信息等。因此,DAE 方法比其他的一些方法(包括采用统计的方法)优越,用处也更为广泛。

数据包络分析的优点吸引了众多的应用者,这一方法应用的领域正在不断地扩大。它也可以用来研究多种方案之间的相对有效性(例如投资项目评价)、应对权重无法确定的社会问题(比如就业安置、社会福利等问题)、研究在做决策之前去预测一旦做出决策后它的相对效果如何(例如建立新厂后,新厂相对于已有的一些工厂是否为有效),DEA 模型还可以用来进行政策评价。

数据包络分析是运筹学的一个不断发展的研究领域。数据包络方法和模型,以及对 DEA 方法的理解和应用还在不断地发展和深入,多年来已经开发了多个研究分支,众多 DEA 模型的应用领域已经触及社会的方方面面。本章初步介绍了数据包络分析的初步理论和简单的电子表格建模的方法,仅仅是 DEA 理论领域的冰山一角,请有兴趣的读者进一步参阅 DEA 教程和应用文献,更深刻地了解和掌握这种有效的评价方法。

练习与巩固

1. 数据包络分析的概念和原理是什么？这种评价方法的适用范围和特点是什么？

2. 简要解释以下几个概念:Pareto 状态、包络线、生产前沿面、决策单元(DMU)、DEA 效率。

3. 独立完成案例 17 对分理处丙的 DEA 效率评价。用自己的理解,阐述该案例得出的评价结论。

4. 在完成案例 17 对分理处丙的 DEA 评价基础上,进一步完成分理处甲、乙和丁的评价。

5. 参考其他运筹学教程和阅读相关资料,了解数据包络分析研究的发展前沿和应用进展。

6. 结合本章的知识,列举或构造几个可以利用数据包络分析模型进行评价的对象,并简要说明评价操作的思路和步骤。

第 11 章　利用电子表格进行决策树分析

案例 18：胸有成竹的市场部经理

某中央空调销售公司有位市场部经理，带着一套本公司的空调安装项目参加为期一天的展销会。由于前期已经与甲、乙两家公司初步建立了沟通，因此该经理事先知道，与每个公司谈成合同的概率与是否是上午或下午有关：在甲公司成交的概率上午是 0.8，下午是 0.7；在乙公司成交的概率上午是 0.5，下午是 0.4。如果上午在某公司谈成则不需再到另外一家公司；如果上午在某公司没有谈成，可等下午继续谈，也可以去另一家公司。与甲公司成交后，该空调安装项目可以获利润 8000 元；与乙公司成交后，可获利润 10000 元。

　　i. 这位经理如何安排行动方案，以期获得当天的最大收益？

　　ii. 在 i 的情境下，如果上午在乙公司成交的概率在 0.4 至 0.6 之间波动，则又如何做出针对性行动调整？

　　iii. 在 i 的情境下，如果考虑在甲和乙两个公司之间转换业务而产生的费用，费用在 300 元至 600 元之间变化，该市场部经理又如何针对这种额外费用情况做出新的行动调整？

　　iv. 如果同时考虑 ii 和 iii 的双重影响，则该市场部经理将如何制定出行动预案，做到期望收益最大？

11.1　决策树的基本概念

11.1.1　决策树的结构

决策树是用二叉（或者多叉）树形图来表示处理逻辑的一种启发式的决策分析工具。决策树可以直观、清晰地表达整个决策事件的逻辑判断过程，特别适合于判断因素概率型、逻辑组合清晰的随机型决策情况。

决策树通常有结点和树枝两种组成元素。其中树枝分成决策枝和概率枝，结点分成决策点、事件点和结果点。

决策点（decision node）：用方块表示，代表在这一点上需要进行的决策。最初的结点称为根结点,是整个决策树的开始。

决策枝(decision branch):由决策点引出的分枝称为决策枝,每个分枝代表决策点做出的其中一个方案。

事件点(event node):用圆圈表示,代表决策导致的在这一点上的事件。

概率枝(probability branch):由事件点引出的分枝称为概率枝,也叫事件枝。每个分枝代表事件点不同的概率状态。通常要求事件点后的各个概率枝组成事件概率全集,并且各概率枝之间的交集为空。

结果点(terminal node):用三角或者竖线表示,代表某方案(决策路径)在某状态下的最终结果。结果点存在明确的效益(或成本)指标值,通常位于决策树的末端。结果点后面不再有事件的发展和决策行为。

11.1.2 决策树加载宏

当前已经开发出很多的决策树处理软件,本书介绍一款在 Excel 环境下使用的加载宏插件。本书采用了这款软件的试用版(Tree170t. xla)。读者在 15 天试用评价期满后,请主动删除或注册支付软件费用。标准版或学术版的下载和购买网址是 http://treeplan.com。另外,该网页上同时还提供敏感性分析的"Sensit"插件和 Monte Carlo 风险模拟分析的"SimVoi"插件,均可以作为电子表格下的决策分析有力工具。上述插件的主要开发者是美国旧金山大学商学院的 Micheal R. Middleton 教授。安装方法可参考前面章节有关加载宏方面的介绍。

11.2　决策树的电子表格软件操作

11.2.1 创建新决策树

在打开一个空白电子表格的状态下,选择 Excel 选项卡的"加载项",点击"Decision Tree"或者 Ctrl＋Shift＋T 直接进入,试用版会出现版权和购买提示窗口,确认后出现建立新决策树的窗口,见图 11-1。初始的决策树以当前单元格从左上角向右下方生成,决策树所在的区域将会覆盖电子表格中已经存在的内容。因此,建议建模者注意初始单元格的位置,尽可能从空白的区域开始画决策树。同时,决策树生成后,浮显在工作表的上层,为了保证决策树图形的完整和对应关系,尽量不要添加或删除决策树覆盖区域的行或列。

图 11-1　建立新决策树对话框

点击确定"New Tree"后,系统建立一个最简单的"二叉"默认决策树。例如下面一个决策树由一个决策点和两个决策枝组成(图 11-2)。

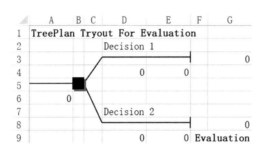

图 11-2　系统默认建立的最初决策树

图 11-2 中相关单元格的计算原则说明。决策枝的上方是标签,表达决策的名称。以决策枝 1 为例:单元格 D2 可以直接进行文字编辑修改。如果该决策枝不再生长,即单元格 G3 已经是结果点。该结果点中的公式,是汇总了从起点到该结果点上的所有现金流总和。决策树的结果点 G3 的具体收益(或者支出)如果没有人工输入,则由这个结果点所在的完整决策路径上的所有现金流汇总得到。如果建模者已经明确知道到达该结果点的收益(或者支出),也可以直接在单元格 G3 输入该结果的具体收益(或支出)数值。但是由于 G3 单元格中事先存在加载宏自动生成的上述求和公式,建模者直接输入数值将会覆盖原公式,因此不推荐这种直接输入数值的方式。决策路径上如果需要考虑到各个步骤的净现金流,则在分枝下方左侧的单元格(比如决策枝 1 下的 D4)输入该决策的现金流值。决策枝下方右侧的单元格(比如 E4)无须输入,由软件回滚计算到当前的值。决策点前的单元格(比如 A6)由公式计算并显示 E3 和 E8 中的最大值。软件同时还会在 B5 单元格显示一个数字,该数字表示该决策点后应当决策的决策枝序数(顺时针)。

如果该决策点后的决策枝多于两个,建模者可以增加决策枝。方法是:选择决策点所在的单元格 B5,然后打开工具菜单中的"Decision Tree",弹出对话框见图 11-3,选择增加决策枝(Add branch)功能,确定后增加一枝。该对话框还可以将决策点直接修改成事件点(Change to event)。选择剪短决策树(Shorten tree),可以删除节点。类似的,选择事件点所在的单元格,则打开事件点修改对话框,基本操作同上。

图 11-3　决策点修改对话框

对于事件枝相关的各个单元格的含义,基本类同决策枝。假设图 11-2 中的决策枝 1 进一步生长出一个 3 个分枝的事件枝,参见图 11-5。操作方法是:选择发生事件点所在的单元格 F3,然后打开工具菜单中的"Decision Tree",弹出对话框见图 11-4,选择改为事件点"Change to event node",且分枝数(Branches)为"Three",确定后增加三个分枝的事件枝。该对话框还有删除分枝、粘贴等功能选择。

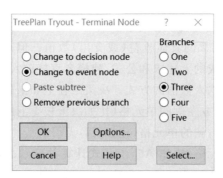

图 11-4　结果点修改对话框

增加事件点和分枝后的决策树如图 11-5 所示。

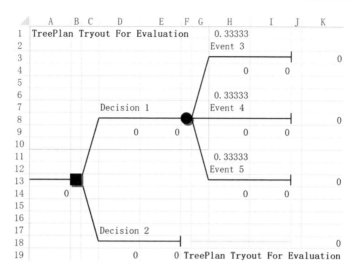

图 11-5　增加了事件点的决策树

事件枝与决策枝的最大不同是：事件枝的标签的紧上单元格（比如 H1）必须输入相应的发生概率；事件点前的单元格（比如 E9）利用函数自动判断其后的所有事件枝的概率加总是否为等于 1 的全集，否则软件报错。如果通过了概率全集为 1 的判断，则在该事件点前的分枝的右下方单元格（比如 E9）自动计算紧随其后的事件枝的数学期望值（即该事件点后的全概率事件的加权求和）。

11.2.2　编辑决策树

在已有的决策树的任何一个分枝的末端（例如图 11-2 中的 F3 和图 11-5 中的 F18 等），均可以增添决策树的诸多元素，继续生长决策树。选择了末端单元格后，可以打开"Decision Tree"，弹出如图 11-4 所示的对话框，然后开展增加、改变或删除等相关操作。

图 11-4 对话框中的"选项"（Options）功能，见图 11-6。建模者可以根据情况选择决策树的贝叶斯决策方法，包括期望值（即以概率加权求和）或者效用指数函数。默认值是前者，决策树将从树叶开始回滚计算各决策点的期望值，并选择当前状态之前的最大值。如果选择效用指数，决策树用相关公式计算各结点值并重新做出（redraw）树图。

如果选择了效用指数函数的最大值（收益）选项，回滚公式是 $U = A - B * EXP(X/RT)$ 和 $CE = -LN((A-EU)/B) * RT$，其中 X 和 EU 是相应单元格值。如果选择效用指数的最小值（成本），公式是 $U = A - B * EXP(X/RT)$ 和 $CE = LN((A-EU)/B) * RT$。其中 RT 是效用指数函数的允许度参数。A 和

B 代表决策度(determine scaling)参数。选择效用指数时,A、B 和 RT 的默认值分别是 A=1、B=1、RT=999999999999。

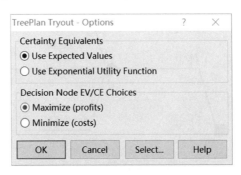

图 11-6　选项对话框

图 11-4 或图 11-6 的对话框的"选择"(Select)功能可以打开图 11-7 所示的对话框。决策树分析所涉及的所有元素均可以在该对话框中进行相关操作。比如图中选择了决策点,则可以对决策树上的所有决策点进行(字体、图形、注释、颜色等单元格格式操作)编辑修改。

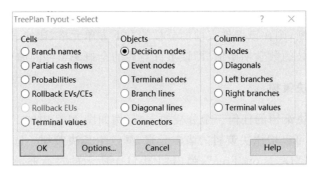

图 11-7　选择对话框

对于编辑过程中的决策树,可以进行以下操作:增添或删除分枝、复制或粘贴子枝、插入或删除决策点或事件点、决策点(事件点或结果点)的互换等灵活多样的编辑对话操作。所有上述操作,均需通过点击打开"Decision Tree"完成。

11.2.3　输入数据

初步编辑完成后的决策树,仅仅是进行了结构上的构建。要求决策树进行最后的决策分析,还需要输入相关数据。一般情况下,数据包括:各个决策路径阶段上的现金流值、各个事件分枝的概率值等。建模者需要将数据填入到相应的单元格位置中。软件实时计算并显示决策树的计算结果。

对于计算完毕的决策树,由于软件自动生成了诸多公式或逻辑关系,因此建模者应当对当前电子表格的行列的删除或者增添操作必须谨慎,以免影响决策树的逻辑结构和运算结果。

11.3　决策树的电子表格模型求解

11.3.1　问题分析

案例 18 中的市场部经理需要先后做出两次决策,即分别在上午和下午做出前往哪个公司的决定。当然,如果上午成功则无需下午再次决策。由于两个公司在上午和下午的洽谈成功概率和最终利润各有不同,需要分别考虑不同方案之间期望值的差别。由于概率因素的存在,这是一个典型的随机型决策问题。应对这种问题,建模者或者决策者应首先绘制出这个问题的决策树草图,见图 11-8。决策树的各类信息完备后,便可以在图上开展决策活动。选择各个阶段的决策方案的过程有时被形象地称为"剪枝"。"剪枝"的对象只能是决策点后面的决策枝,一般留下期望值最大的决策枝。如果有相同的期望值,则均留下来。由于事件点后的各种概率状态无法人为控制,因此绝对不可以修剪事件点后面的概率枝。对于在电子表格中的决策树,各个期望值由软件自动计算,无须专门人工计算。

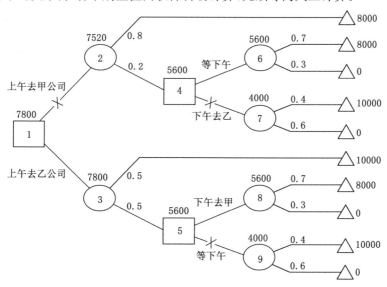

图 11-8　案例 18 的决策树分析过程和"剪枝"结果

11.3.2　电子表格模型

案例 18 的电子表格模型建立计算文件在 11-1. xlsx 中。对于该案例的问题 i，见 11-1. xlsx 的 Sheet1 上的模型。决策树结构和运算结果参考图 11-9。建模软件操作过程参考前面的相关介绍，请读者参考电子文件中的注释信息。模型使用了期望值原则，没有涉及指数效用问题。需要输入的数据分别是各个事件分枝标签上的概率值和净现值的收益值。在软件生成的基础上，作者对本案例的电子决策树进行了进一步的编辑和润色。

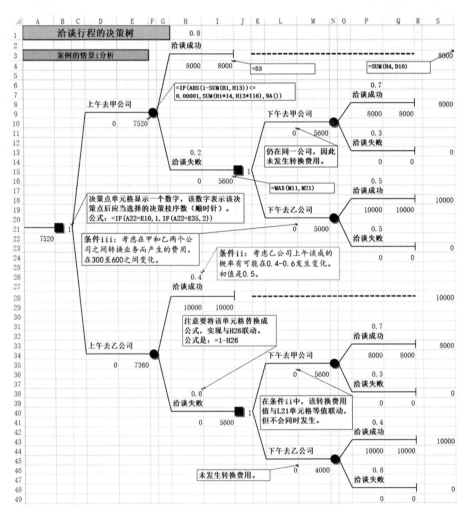

图 11-9　案例 18 问题 i 的电子决策树模型

11.3.3　模型结果

在完成电子表格相关数据的输入后,模型的结果也计算完毕并直观显示出来。图 11-9 给出(需将 H26 值改为 0.5):市场部经理的最优期望是 7800 元。以这个期望为指导,市场经理按照以下方案开展洽谈活动:上午去乙公司;如果没有成功,则下午去甲公司。当然,这是没有考虑以下两个影响因素的结果:其一,上午在乙公司成交的概率在 0.4 至 0.6 之间波动;其二,在甲和乙两个公司之间转换业务会产生一定的费用。本章随后利用敏感性分析的手段,解决带有影响因素的决策树问题。

为了使图 11-9 中决策树的结果更为直观,本模型的作者还在 11-1. xlsx 的 Sheet1 上的决策树下方增添设计了一个结果报表,见图 11-10。D52:M53 区域中,给出决策树的计算结果。其中,单元格 E53 公式"＝IF(B21＝1,"上午去甲","上午去乙")",用以显示上午的决策;单元格 I53 公式"＝IF(E10≥E35, IF(J15＝1,"继续在甲洽谈","下午去乙"),IF(J40＝1,"下午去甲","继续在乙洽谈"))",用以显示下午的决策;单元格 L53 的公式"＝A22&"元"",用以显示最优期望值。

上述公式中的单元格 B21、J15 和 J40,其取值由决策树加载宏软件计算出,表示该决策点后应当选择的决策枝序数(顺时针)。单元格 E53 和 I53 中的公式,利用了 IF 函数读取这些决策点的决策枝序数,进一步用直观的文字给出决策信息。I53 采用了两层 IF 函数嵌套(function nesting)的方式。

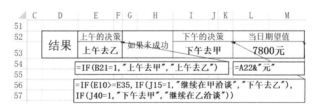

图 11-10　案例 18 问题 i 的结果显示

11.4　决策树的敏感性分析:模拟运算表的应用

11.4.1　模拟运算表介绍

案例 18 中的市场部经理面临了新的挑战:原本已知的上午在乙公司谈成这笔业务的概率 0.5,现在成为一个 0.4 到 0.6 的区间变数,该市场部经理将如何制定行程？如果考虑到两个公司之间转换业务而产生的 300 元至 600 元之间的变化费用,该市场部经理又如何针对这种额外费用情况做出新的行动调整？如果同时考虑这两种因素,行程又将怎样安排？

第 5 章介绍的线性规划模型的敏感性分析,使用了"SolverTable"加载宏。决策树模型中也存在参数变化的影响问题,但是由于决策树不属于规划求解问题,因此不适用于"SolverTable"加载宏。Excel 软件提供 3 种模拟分析工具:方案管理器、单变量求解和模拟运算表。本节的案例涉及的敏感性分析工作,可以借助 Excel 中的模拟运算表来实现。其中案例 18 的问题 ii 和 iii 属于单变量的模拟运算,问题 iv 属于双变量的模拟运算。

Excel 2013 中的"模拟运算表"可以通过"数据│模拟分析│模拟运算表"打开对话窗口。事实上,"SolverTable"与 Excel 中的"模拟运算表"的使用方法极其类似。"SolverTable"针对规划模型的敏感性分析,并要求分析对象事先通过规划求解运算。"模拟运算表"是简明分析敏感性问题的一个有力工具,既可以模拟单变量因素影响,也可以模拟双变量因素对分析对象的影响。本书第 5 章介绍的"SolverTable"与本节介绍的"模拟运算表",在运算原理和表达方式上类似,建议读者对照学习。模拟分析即通过更改单元格中的值并进而了解这些更改会如何影响工作表上公式的结果的过程。

11.4.2 单变量(单因素)的模拟运算表分析

由于市场部经理上午在乙公司的成功率(图 11-9 中的单元格 H26)处于 0.4 至 0.6 的区间,不妨以 0.01 增量(increment)递增,利用"模拟运算表"进行模拟运算。

首先,要构造单变量模拟运算表的表头。表头包括"输出公式"单元格和"输入数据"单元格。本例将编辑输出单元格 V3、W3 和 X3 的公式。为了使模拟运算的结果更加直观和可读,本例电子表格中给模拟运算结果设计了文字结果显示功能,请读者认真领会"IF()"函数在此处的应用。单元格 V3 输出最终的期望值,公式是"＝A22&"元"";单元格 W3 输出市场部经理上午的决策行为,借助决策树中决策点 B21 的结算逻辑结果(B21 单元格如果等于 1,表示第一个决策分枝,否则是第二个决策分枝),公式是"＝IF(B21＝1,"上午去甲","上午去乙")";单元格 X3 输出市场部经理下午的决策行为,借助决策树中决策点 J15 和 J40 的结算逻辑结果的公式是"＝IF(E10≥E35,IF(J15＝1,"在甲等待","下午去乙"),IF(J40＝1,"下午去甲","下午在乙等待"))"。输入数据在 U4：U24 上,从 0.4 开始,以 0.01 的增量,递增到 0.6。

需要注意的是:决策树加载宏虽然能自动平均分配一个事件结点后的各事

件概率,但是一旦人工修改后,自动机制不再起作用。设想模拟运算表将单元格 H26 调整到 0.3,但"上午在乙公司不成功的概率值"(单元格 H38)仍然保持 0.5,并不会自动调整为 0.7。此时,决策树将会因为全概率事件不为 1 而报错。因此,必须将原始模型中的 H38 改写成公式形式,即:"=1-H26"。

其次,在上述工作完成后,利用鼠标拖曳,选择 U3:X24 区域。注意:这一步骤必不可少,而且需要包含表头,不要错误选择为 V3:X24 区域。打开"数据|模拟分析|模拟运算表"对话窗口,见图 11-11。由于模拟运算在列方向上,因此在引用列的单元格对话处输入"H26"。

图 11-11　单变量模拟运算表对话框

最后,点击确定,运算结果将在文件 11-1. xlsx 中的 Sheet2 上的 V3:X24 区域,模拟运算表参考图 11-12。通过结果可知,"上午在乙公司成功的概率值"小于 0.43 时,这位市场部经理的合理决策是:上午去甲公司,如果没有成功,则下午仍在甲公司洽谈。虽然决策行为受到甲、乙两个公司的共同影响,但是由于最终的期望值并未涉及乙公司的任何数据,因此期望值始终是 7520 元。当该概率值大于 0.44 时,这位市场部经理的合理决策变化为:上午去乙公司,如果没有成功,则下午去甲公司。由于乙公司的数据已经纳入期望计算过程,因此这种决策方案的最终期望值随着谈判成功率的提示,从 7580 元逐渐增加到 8240 元。单独考察该概率对决策的影响,则在 0.43 与 0.44 之间,存在决策方案的切换。

案例 18 的问题 iii,同样属于单变量的模拟运算表分析。可以参考上述方法,注意打开模拟运算表对话框后,在引用列的单元格对话处输入"L21",即上午去甲,而下午换成乙的费用。L36 是上午去乙,而下午换成甲的费用。该单元格与 L21 等值,但不会与 L21 同时发生。因此在单元格 L36 中,需要编辑公式 "=L21",以实现该转换费用值与 L21 单元格等值联动。

运算结果在文件 11-1. xlsx 中的 Sheet3 上,模拟运算表参考图 11-13。可见,"转换成本"小于 540 元时(由于是净现值,因此决策树上的成本需要表示为负值),这位市场部经理的合理决策是:上午去乙公司,如果没有成功,则下午转换到甲公司洽谈。由于转换费用已经纳入期望计算过程,因此这些决策方案的

	U	V	W	X
1	乙公司上午成功概率在0.4-0.6区间的灵敏度分析			
2	上午乙公司的成功概率	最终期望值	上午的决策	下午的决策
3	(增加间隔是0.01)	7800元	上午去乙	下午去甲
4	0.40	7520元	上午去甲	继续在甲洽谈
5	0.41	7520元	上午去甲	继续在甲洽谈
6	0.42	7520元	上午去甲	继续在甲洽谈
7	0.43	7520元	上午去甲	继续在甲洽谈
8	0.44	7536元	上午去乙	下午去甲
9	0.45	7580元	上午去乙	下午去甲
10	0.46	7624元	上午去乙	下午去甲
11	0.47	7668元	上午去乙	下午去甲
12	0.48	7712元	上午去乙	下午去甲
13	0.49	7756元	上午去乙	下午去甲
14	0.50	7800元	上午去乙	下午去甲
15	0.51	7844元	上午去乙	下午去甲
16	0.52	7888元	上午去乙	下午去甲
17	0.53	7932元	上午去乙	下午去甲
18	0.54	7976元	上午去乙	下午去甲
19	0.55	8020元	上午去乙	下午去甲
20	0.56	8064元	上午去乙	下午去甲
21	0.57	8108元	上午去乙	下午去甲
22	0.58	8152元	上午去乙	下午去甲
23	0.59	8196元	上午去乙	下午去甲
24	0.60	8240元	上午去乙	下午去甲

图 11-12　乙公司上午洽谈成功概率对决策影响的敏感性分析

最终期望值随着费用的增加,从 7650 元逐渐减少到 7530 元。当该费用大于 560 元时,这位市场部经理的合理决策变化为:上午去甲公司,如果没有成功,则下午继续在甲公司洽谈。由于始终在甲公司洽谈,转换费用没有产生且没有影响期望值,因此该期望值始终是 7520 元。单独考察该转场成本对决策的影响,则在 540 元与 560 元之间,存在决策方案的切换。

11.4.3　双变量(双因素)的模拟运算表分析

案例 18 的问题 iv 要求同时考虑问题 ii 和问题 iii 的双重影响,则该市场部经理需要开展双变量的模拟运算表分析,以期制定出行动预案,做到胸有成竹。双变量的敏感度分析需要同时将"上午在乙公司成交的概率"(0.4 至 0.6 之间波动)和"转换业务而产生的费用"(在 300 元至 600 元之间变化)的输入值代入模型,从而考察决策结果的变化。

U	V	W	X
1	考虑在公司间转换业务费用的敏感性分析		
2 转换业务费用	最终期望值	上午的决策	下午的决策
3 （变化间隔是10元）	7520元	上午去甲	继续在甲洽谈
4 −300	7650元	上午去乙	下午去甲
5 −320	7640元	上午去乙	下午去甲
6 −340	7630元	上午去乙	下午去甲
7 −360	7620元	上午去乙	下午去甲
8 −380	7610元	上午去乙	下午去甲
9 −400	7600元	上午去乙	下午去甲
10 −420	7590元	上午去乙	下午去甲
11 −440	7580元	上午去乙	下午去甲
12 −460	7570元	上午去乙	下午去甲
13 −480	7560元	上午去乙	下午去甲
14 −500	7550元	上午去乙	下午去甲
15 −520	7540元	上午去乙	下午去甲
16 −540	7530元	上午去乙	下午去甲
17 −560	7520元	上午去甲	继续在甲洽谈
18 −580	7520元	上午去甲	继续在甲洽谈
19 −600	7520元	上午去甲	继续在甲洽谈
20 −620	7520元	上午去甲	继续在甲洽谈
21 −640	7520元	上午去甲	继续在甲洽谈
22 −660	7520元	上午去甲	继续在甲洽谈
23 −680	7520元	上午去甲	继续在甲洽谈
24 −700	7520元	上午去甲	继续在甲洽谈

图 11-13　考虑存在公司间转换业务费用的敏感性分析

　　首先,要构造双变量模拟运算表的表头(包括"输出公式"单元格和"输入数据"单元格)。与单变量模拟运算表不同,双变量模拟运算表的"输出公式"单元格只有一个,位于模拟运算表的左上角;"输入数据"单元格由一列和一行构成。本例将编辑输入单元格 U3。单元格 U3 将显示决策树的结果,公式是"=E53&"−"&I53"。U3 公式中的单元格调用了两个显示上午和下午决策选择的公式。E53 公式"=IF(B21=1,"上午去甲","上午去乙")",用以显示上午的决策;I53 公式"=IF(E10≥=E35,IF(J15=1,"继续在甲洽谈","下午去乙"),IF(J40=1,"下午去甲","继续在乙洽谈"))",用以显示下午的决策。列方向的输出单元格在 U4:U24,从 0.4 开始,以 0.01 的增量,递增到 0.6。行方向的输出单元格在 V3:AP3,从−300 开始,以 20 的递减量,递减到−700。

　　需要注意的是:L21 和 L36 均表示转换公司时的费用。L36 的公式是"=L21"。L36 与 L21 单元格等值联动,但不会同时发生。

其次,在上述工作完成后,利用鼠标拖曳,选择区域 U3:AP24。**注意:这一步骤必不可少,而且需要包含表头,不要错误选择为 V3:AP24 区域**。打开"数据 | 模拟分析 | 模拟运算表"对话窗口,见图 11-14。由于双变量模拟运算在行方向上是"转换业务而产生的费用",因此在引用行的单元格对话处输入"L21";在列方向上是"上午在乙公司成交的概率",因此在引用列的单元格对话处输入"H26"和"转换业务而产生的费用"。

图 11-14　双变量模拟运算表对话框

最后,点击确定,运算结果将在文件 11-1. xlsx 中的 Sheet4 上。模拟运算表(图 11-15)中,可以直观观察到不同方案的分界线。靠近分界线的单元格,属于相对敏感的位置,更加容易产生决策方案的切换。

	U	V	W	X	Y	Z	AL	AM	AN	AO	AP
3	上午乙-下午甲	-300	-320	-340	-360	-380	-620	-640	-660	-680	-700
4	0.40	上午甲-继续甲	上午甲-继续甲	上午甲-继续甲	上午甲-继续甲	上午甲-继续甲	上午甲-继续甲	上午甲-继续甲	上午甲-继续甲	上午甲-继续甲	上午甲-继续甲
5	0.41	上午甲-继续甲	上午甲-继续甲	上午甲-继续甲	上午甲-继续甲	上午甲-继续甲	上午甲-继续甲	上午甲-继续甲	上午甲-继续甲	上午甲-继续甲	上午甲-继续甲
6	0.42	上午甲-继续甲	上午甲-继续甲	上午甲-继续甲	上午甲-继续甲	上午甲-继续甲	上午甲-继续甲	上午甲-继续甲	上午甲-继续甲	上午甲-继续甲	上午甲-继续甲
7	0.43	上午甲-继续甲	上午甲-继续甲	上午甲-继续甲	上午甲-继续甲	上午甲-继续甲	上午甲-继续甲	上午甲-继续甲	上午甲-继续甲	上午甲-继续甲	上午甲-继续甲
8	0.44	上午甲-继续甲	上午甲-继续甲	上午甲-继续甲	上午甲-继续甲	上午甲-继续甲	上午甲-继续甲	上午甲-继续甲	上午甲-继续甲	上午甲-继续甲	上午甲-继续甲
9	0.45	上午甲-继续甲	上午甲-继续甲	上午甲-继续甲	上午甲-继续甲	上午甲-继续甲	上午甲-继续甲	上午甲-继续甲	上午甲-继续甲	上午甲-继续甲	上午甲-继续甲
10	0.46	上午甲-继续甲	上午甲-继续甲	上午甲-继续甲	上午甲-继续甲	上午甲-继续甲	上午甲-继续甲	上午甲-继续甲	上午甲-继续甲	上午甲-继续甲	上午甲-继续甲
11	0.47	上午甲-继续甲	上午甲-继续甲	上午甲-继续甲	上午甲-继续甲	上午甲-继续甲	上午甲-继续甲	上午甲-继续甲	上午甲-继续甲	上午甲-继续甲	上午甲-继续甲
12	0.48	上午乙-下午甲	上午乙-下午甲	上午乙-下午甲	上午乙-下午甲	上午乙-下午甲	上午甲-继续甲	上午甲-继续甲	上午甲-继续甲	上午甲-继续甲	上午甲-继续甲
13	0.49	上午乙-下午甲	上午乙-下午甲	上午乙-下午甲	上午乙-下午甲	上午乙-下午甲	上午甲-继续甲	上午甲-继续甲	上午甲-继续甲	上午甲-继续甲	上午甲-继续甲
14	0.50	上午乙-下午甲	上午乙-下午甲	上午乙-下午甲	上午乙-下午甲	上午乙-下午甲	上午甲-继续甲	上午甲-继续甲	上午甲-继续甲	上午甲-继续甲	上午甲-继续甲
15	0.51	上午乙-下午甲	上午乙-下午甲	上午乙-下午甲	上午乙-下午甲	上午乙-下午甲	上午乙-下午甲	上午乙-下午甲	上午乙-下午甲	上午甲-继续甲	上午甲-继续甲
16	0.52	上午乙-下午甲	上午乙-下午甲	上午乙-下午甲	上午乙-下午甲	上午乙-下午甲	上午乙-下午甲	上午乙-下午甲	上午乙-下午甲	上午乙-下午甲	上午乙-下午甲
17	0.53	上午乙-下午甲	上午乙-下午甲	上午乙-下午甲	上午乙-下午甲	上午乙-下午甲	上午乙-下午甲	上午乙-下午甲	上午乙-下午甲	上午乙-下午甲	上午乙-下午甲
18	0.54	上午乙-下午甲	上午乙-下午甲	上午乙-下午甲	上午乙-下午甲	上午乙-下午甲	上午乙-下午甲	上午乙-下午甲	上午乙-下午甲	上午乙-下午甲	上午乙-下午甲
19	0.55	上午乙-下午甲	上午乙-下午甲	上午乙-下午甲	上午乙-下午甲	上午乙-下午甲	上午乙-下午甲	上午乙-下午甲	上午乙-下午甲	上午乙-下午甲	上午乙-下午甲
20	0.56	上午乙-下午甲	上午乙-下午甲	上午乙-下午甲	上午乙-下午甲	上午乙-下午甲	上午乙-下午甲	上午乙-下午甲	上午乙-下午甲	上午乙-下午甲	上午乙-下午甲
21	0.57	上午乙-下午甲	上午乙-下午甲	上午乙-下午甲	上午乙-下午甲	上午乙-下午甲	上午乙-下午甲	上午乙-下午甲	上午乙-下午甲	上午乙-下午甲	上午乙-下午甲
22	0.58	上午乙-下午甲	上午乙-下午甲	上午乙-下午甲	上午乙-下午甲	上午乙-下午甲	上午乙-下午甲	上午乙-下午甲	上午乙-下午甲	上午乙-下午甲	上午乙-下午甲
23	0.59	上午乙-下午甲	上午乙-下午甲	上午乙-下午甲	上午乙-下午甲	上午乙-下午甲	上午乙-下午甲	上午乙-下午甲	上午乙-下午甲	上午乙-下午甲	上午乙-下午甲
24	0.60	上午乙-下午甲	上午乙-下午甲	上午乙-下午甲	上午乙-下午甲	上午乙-下午甲	上午乙-下午甲	上午乙-下午甲	上午乙-下午甲	上午乙-下午甲	上午乙-下午甲

图 11-15　同时考虑两种因素对决策影响的敏感性分析

练习与巩固

1. 决策树的概念是什么？组成决策树的基本元素是什么,各自代表什么含义?

2. 加载安装"TreePlan"宏,在电子表格上练习决策树的新建、编辑、修改和完善等工作。

3. 独立完成案例 18,在电子表格上建立决策树,并进行决策分析。

4. 请读者查阅效用理论方面的材料,尝试将案例 18 中的贝叶斯决策规则指定为指数效用函数,并模拟相关的参数,观察决策树的变化。

5. 在案例 18 决策树模型基础上,进一步开展敏感性分析。回顾第 5 章"SolverTable"加载宏知识,对比本章"模拟运算表"的使用区别和联系。

参 考 文 献

［1］胡运权.运筹学教程［M］.4 版.北京:清华大学出版社,2012.

［2］教材编写组.运筹学［M］.北京:清华大学出版社,2015.

［3］宋学锋.运筹学［M］.南京:东南大学出版社,2016.

［4］魏晓平,宋学锋,王新宇,等.管理运筹学［M］.徐州:中国矿业大学出版社,2011.

［5］熊伟.运筹学［M］.北京:机械工业出版社,2018.